鸡病

诊治图谱

主 编：江 斌　陈少莺　吴胜会

编 著：江 斌　陈少莺　吴胜会

　　　　林 琳　张世忠　陈仕龙

　　　　江南松

海峡出版发行集团 | 福建科学技术出版社
THE STRAITS PUBLISHING & DISTRIBUTING GROUP | FUJIAN SCIENCE & TECHNOLOGY PUBLISHING HOUSE

图书在版编目（CIP）数据

鸡病诊治图谱 / 江斌，陈少莺，吴胜会主编. —福州：福建科学技术出版社，2021.11

ISBN 978-7-5335-6571-8

Ⅰ.①鸡… Ⅱ.①江… ②陈… ③吴… Ⅲ.①鸡病－诊疗－图谱 Ⅳ.①S858.31-64

中国版本图书馆CIP数据核字（2021）第197554号

书　　名	鸡病诊治图谱	
主　　编	江斌　陈少莺　吴胜会	
出版发行	福建科学技术出版社	
社　　址	福州市东水路76号（邮编350001）	
网　　址	www.fjstp.com	
经　　销	福建新华发行（集团）有限责任公司	
印　　刷	福州德安彩色印刷有限公司	
开　　本	787毫米×1092毫米　1/16	
印　　张	11	
图　　文	176码	
版　　次	2021年11月第1版	
印　　次	2021年11月第1次印刷	
书　　号	ISBN 978-7-5335-6571-8	
定　　价	58.00元	

书中如有印装质量问题，可直接向本社调换

前　言

养鸡业是我国畜牧业的重要组成部分，也是广大农村农民发家致富的主要产业之一。近年来，随着异地贩运活鸡的日益频繁，鸡病问题越来越复杂，一些老病尚未得到有效控制，一些新病又不断出现。为了更好地普及鸡病防治知识，推广鸡病最新防控技术，我们在多年临床实践的基础上，结合近年国内外鸡病诊治的最新研究成果，编写了这本《鸡病诊治图谱》。

本书分为鸡病的预防与鉴别诊断、鸡病毒性疾病、鸡细菌性疾病、鸡真菌性及支原体性疾病、鸡寄生虫疾病、非生物引致的鸡病等六大部分，共介绍70种鸡病。每种疾病均以简明扼要的文字介绍其病原（病因）、流行病学、临床症状、病理变化、诊断、防治（防控）措施等，辅以彩图直观地展示症状和病理变化特征，尽量做到图文并茂，以便读者对鸡病作出准确的诊断并采取有效防治（防控）措施。

本书获得福建省家禽业技术体系（2019—2022）资助。

作　者

目　录

一、鸡病的预防与鉴别诊断

二、鸡病毒性疾病

三、鸡细菌性疾病

四、鸡真菌性及支原体性疾病

五、鸡寄生虫疾病

六、非生物引致的鸡病

一、鸡病的预防与鉴别诊断

　　鸡病防治的原则是"预防为主、养防结合、防重于治"。采取各种有效的综合性预防措施，是防止鸡病发生的关键。综合性预防措施具体内容包括：建立健全鸡场的生物安全措施、健康鸡苗的把控、规范的饲养管理措施、科学的疫苗免疫程序及免疫抗体监测、必要的药物预防保健计划等。只有做好综合性预防措施，才能使鸡群不发病或少发病。鸡群发病后通过临床症状和病理变化可作出初步临床诊断。不少鸡病的病症比较相似，因此须认真进行鉴别，以便采取相应的防治（防控）措施。

（一）鸡场生物安全措施

1. 鸡场的选址
　　规范的鸡场应建设在可养区内，地势高、视野开阔、通风良好、水源充足、交通相对方便、供电有保障，与交通干道、其他畜禽养殖场、居民区、屠宰场、交易市场的距离要求 1000 米以上。鸡场应位于较偏僻的地方，与外界形成天然的隔离屏障，这是防御鸡传染病的第一道防线。

2. 鸡舍的建设
　　鸡场周围应有围墙或其他相应的隔离带。鸡舍的设计、建筑与布局要根据不同的饲养模式及饲养鸡品种采用相应的鸡舍建设。规模化蛋鸡场要求场内生活区、办公区与生产区必须分开，生产区中配套有育雏舍、育成舍、蛋鸡舍、饲料间、蛋品车间、粪污处理车间等。蛋鸡舍多采用全封闭层叠式笼养设备，并配备有鸡舍内环境调控设备，保障鸡舍内环境相对稳定。粪污处理车间要配备粪便处理设备（如发酵罐），做到净道与污道分离。小规模蛋鸡场要求场内也要设有育雏室、育成室、蛋鸡舍、饲料间、蛋品车间、粪污处理车间等，养鸡舍也采用层叠式笼养设备，并配备一些鸡舍内环境调控设备（如排气扇），保障鸡舍内环境相对稳定。粪污处理车间要配备必要的粪便处理设备（如烘干机），做到净道与污道分离。小规模平养肉鸡场要求场内有育雏室、育成室、饲料间，以及独立设置的病死鸡处理池和鸡粪发酵池或储存池等。

3. 卫生消毒工作
（1）消毒剂的种类
　　目前兽药店内卖的消毒药品品种繁多，大致可分为如下几类：酚类（如复合酚），醇类（如酒精），碱类（如氢氧化钠、氧化钙），卤素类（如含氯石灰、碘酊、聚维酮碘），氧化剂类（如过氧乙酸、高锰酸钾、过硫酸氢钾），季铵盐类（如癸甲溴铵），挥发性烷化剂类（如甲醛、戊二醛），表面活性剂类（如苯扎溴铵）。不同的场所、不同的饲养条件要因地制宜地选择好相应的消毒剂。

（2）消毒类型

①紫外线照射消毒：在进入生产区的门口更衣间内装一盏紫外线灯，进出人员在更衣的同时进行5分钟的紫外线照射消毒。

②饮水消毒：若鸡场的饮用水采用河水、山泉水或井水，则要进行饮水消毒，每1000升水添加2~4克的含氯石灰（漂白粉）。对于发生疫病时的饮水消毒除了使用漂白粉之外，还可以用其他类型的消毒水（如季铵盐类）。

③熏蒸消毒：对于育雏室、种蛋以及密闭的房屋和仓库均可使用熏蒸消毒。具体做法是每立方米容积的房舍用40%甲醛（福尔马林）25毫升、水12.5毫升、高锰酸钾25克，并按上述顺序逐一添加（注意：不能先加高锰酸钾后加甲醛，否则会发生爆炸等意外事故）。添加高锰酸钾粉后，人员要迅速离开消毒房间，并关闭窗门10个小时以上才有效果。此外，也可以直接采用甲醛或过氧乙酸消毒水进行加热熏蒸消毒，在门口消毒通道还可以采用聚维酮碘雾化消毒。

④污染场所的消毒：污染场所首先用清水冲洗干净，然后再用各种消毒药进行消毒。若使用氢氧化钠等腐蚀性较强的消毒药，消毒后还要用清水再冲洗1~2遍，以免对人畜禽皮肤造成腐蚀性伤害。

⑤喷雾消毒：用季铵盐、戊二醛或聚维酮碘等消毒水，按说明浓度定期地对鸡群进行带鸡喷雾消毒，或对进入鸡场的工作人员进行喷雾消毒。鸡场的喷雾消毒时间应避开寒冷天气，而选在良好天气时消毒。

⑥门口消毒池及周围场所消毒：可选用复合酚、氧化钙等进行消毒，每周1~2次。

⑦职工洗手及蛋筐消毒：用季铵盐、戊二醛、苯扎溴铵、过硫酸氢钾等消毒药按规定比例配制后进行消毒。这些消毒药对皮肤刺激性小，无明显的臭味。

⑧种蛋的消毒：种蛋的消毒除了可用甲醛进行熏蒸消毒外，还可选用复合酚或癸甲溴铵按比例稀释后进行喷雾消毒，也可选用表面活性剂类消毒药按比例稀释后进行浸泡消毒，待消毒水沥干后再入孵。

（3）鸡场的卫生消毒制度

①鸡场及各幢鸡舍门口要设独立的消毒池，池内消毒水要定期添加或更换。饲养员、兽医以及其他管理人员进出鸡舍时要更换工作衣、鞋、帽，并进行相应的洗涤和消毒。不同幢的饲养人员不要相互走动，严格控制外来人员进出鸡场。车辆进场需经门口消毒池消毒处理，车身和底盘等要进行高压喷雾消毒。

②鸡舍在全进全出前后都要进行冲洗和消毒工作，在平时饲养过程中还要定期进行鸡舍消毒，在天气暖和时可以进行带鸡消毒。饮用水若采用井水、山泉水或河水，还要在水中添加含氯石灰进行消毒处理。育雏舍、孵化舍、仓库等要进行熏蒸消毒。周转蛋架或蛋筐以及鸡苗筐等都要经特定的消毒后才能使用。

③鸡场中若发现病死鸡要及时通知兽医人员进行检验。经兽医人员检查、登记后病死鸡要进行无害化处理（如高压灭菌或在远离鸡场的某个特定地方进行深埋、消毒处理），不能随便乱丢。怀疑是烈性传染病的要立即停止解剖，做好场地消毒工作，并立即上报有关部门进行处理。

4. 隔离措施

①人员隔离措施：为防止病原微生物交叉感染，应禁止外人进入鸡场（包括参观或购鸡、购蛋的人员）。本场的工作人员不允许随意进出鸡场，进生产区工作时，要穿戴工作服、雨鞋，并接受相应的消毒处理，不同楼栋的工作人员不能相互走动。

②物品、车辆进出管理：进入鸡舍的车辆与装鸡的袋子、笼子、蛋框，以及周转箱都要严格消毒后才能放行。

③禁止混养其他动物：在鸡场内绝对禁止饲养鸭、鹅、鸽、狗、猫等动物，也不能到外面购买任何禽类产品（包括活禽或禽类产品）。

④做好灭鼠杀虫工作：在鸡场内定期开展灭鼠工作，定期采用氰戊菊酯或溴氰菊酯等杀灭蚊虫，防止鼠类和昆虫传播传染病。

⑤隔离淘汰病鸡：饲养员和兽医要经常观察鸡群，及时发现病鸡，通过兽医人员诊断后采取相应的治疗、隔离措施或其他相应措施。

⑥不同批次鸡要分开饲养：为防止交叉感染，不同批次鸡要分开饲养，每栋间隔15~20米，严格禁止不同楼栋鸡之间的相互跑动，相应的用具也要分开使用。

5. 粪便及垫料处理

小规模养鸡场的粪便可以直接或经堆积发酵后当作农作物肥料，中大型养鸡场的粪便要经过烘干或塔式发酵罐发酵处理后作为有机肥使用，同时要配备专门的污道或传送带进行传送，与净道保持一定的距离，防止二次污染。在采用平养时需使用大量的垫料（如谷壳、木屑、稻草等），在一个生产周期结束后，要及时清除这些垫料，可采用堆存或直接返田或焚烧等处理措施。

6. 病死鸡无害化处理

每个鸡场或多或少都存在病死鸡，若处理不当不仅会污染环境（产生腐败和臭气），同时还会造成疾病的传播和蔓延。常见的处理方法有：土埋法、高温处理法、化尸池或专门设备处理等。每个鸡场要因地制宜，选择相应的方法进行处理。

（二）健康鸡苗的把控

1. 供应商认定

要依据不同鸡场所饲养的鸡品种，选择相应的鸡苗供应商。要求供应商生产的鸡苗品种纯正、生产性能好、抗病力强，且无携带鸡白痢、大肠杆菌、支原体、白血病等垂直传播的病原，具备《种畜禽生产经营许可证》和《动物防疫条件合格证》。

2. 鸡苗选择

鸡苗外观好，精神活泼，听觉灵敏，白天视力敏锐，稍有惊扰便四处奔跑，站立有神，叫声响亮，羽毛光亮，没有大肚脐，食欲和饮欲良好，粪便成形，胎粪往往为白色，没有出现痢疾。必要时还要求鸡苗必须经激光断喙、鸡马立克病疫苗和其他疫苗免疫等。

3. 鸡苗检测与记录

抽取一定比例的鸡苗血液或粪便（10~30份）进行相关病原检测，包括鸡白血病、鸡白痢、鸡败血支原体、鸡滑液囊支原体及大肠杆菌等病原。对存在上述垂直感染病原的鸡苗，要及时处理。同时要记录鸡苗厂家、品种、数量，鸡苗状况与疫苗免疫情况等信息，以便追溯。

（三）规范的饲养管理措施

不同品种、不同饲养模式（如地上平养、地上垫料平养、网上平养、笼养）（图1-1至图1-5）、不同饲养规模的鸡场，饲养管理措施有所不同，不同阶段鸡尽可能参照相应品种的饲养管理标准来操作。笼养或平养的鸡场要做到各个阶段内环境的相对稳定，雏鸡6周龄内做好保温措施（表1-1），此外还要做到通风、光照措施以及合理的饲养密度（表1-2），要根据蛋鸡不同阶段生长和生产性能提供相应的优质饲料。肉鸡场雏鸡阶段也要做好雏鸡的保温、通风工作，并安排合理的饲养密度；育成阶段要保证养殖环境的相对稳定，避免温差大或淋雨导致鸡群发生感冒或出现其他疾病。

图1-1 地上平养

图 1-2　地上垫料平养

图 1-3　网上平养

图 1-4　开放式笼养

图 1-5　封闭式笼养

表 1-1　育雏期雏鸡保温温度　　　　　　℃

年龄	笼养	平养
3 日龄	32~35	34
7 日龄	31~32	32
2 周龄	30~31	30
3 周龄	27~29	27
4 周龄	24~27	24
5 周龄	21~24	21
6 周龄	18~20	20

表 1-2　育雏期雏鸡饲养密度　　　　　　只 / 米^2

年龄	垫料平养	网上平养	笼养
1~3 周龄	20~30	30~40	50~60
4~6 周龄	10~15	20~25	20~30

（四）疫苗免疫程序及免疫抗体监测

1. 疫苗免疫程序

有计划、有目的地对鸡群进行疫苗免疫接种是鸡场预防疫病的另一道主要防线，也是最后一道防线。根据鸡的生产性能不同，可分为肉鸡疫苗免疫程序、蛋鸡疫苗免疫程序。

（1）肉鸡疫苗免疫程序

表1-3 肉鸡疫苗免疫程序

日龄	疫苗名称	剂量	用法	备注
1日龄	鸡马立克病活疫苗	1羽份	皮下注射	
7日龄	鸡新城疫、传染性支气管炎二联活疫苗（L-H_{120}）	2羽份	气雾、滴鼻或饮水	
11日龄	鸡传染性法氏囊病活疫苗	3羽份	滴嘴或饮水	
14日龄	鸡痘活疫苗或喉痘二联活疫苗	1~2羽份	无毛处皮肤刺种	选择使用
	禽流感病毒（H_5+H_7）三价灭活疫苗	0.4~0.5毫升	肌内注射	
18日龄	鸡新城疫、传染性支气管炎、H_9亚型禽流感三联灭活疫苗	0.3~0.5毫升	肌内注射	
20日龄	鸡传染性法氏囊病活疫苗	3羽份	饮水	
30日龄	禽流感病毒（H_5+H_7）三价灭活疫苗	0.5~0.7毫升	肌内注射	
60日龄	鸡新城疫、传染性支气管炎、H_9亚型禽流感三联灭活疫苗	0.5毫升	肌内注射	饲养期超过120天的肉鸡使用

（2）蛋鸡疫苗免疫程序

表1-4 蛋鸡疫苗免疫程序

日龄	疫苗名称	剂量	用法	备注
1日龄	鸡马立克病活疫苗	1羽份	皮下注射	选用液氮苗
7日龄	鸡新城疫、传染性支气管炎二联活疫苗（L-H_{120}）	2羽份	气雾、滴鼻或饮水	
11日龄	鸡传染性法氏囊病活疫苗	3羽份	滴嘴或饮水	
14日龄	鸡痘活疫苗或喉痘二联活疫苗	1~2羽份	无毛处皮肤刺种	选择使用
	禽流感病毒（H_5+H_7）三价灭活疫苗	0.4~0.5毫升	肌内注射	
18日龄	鸡新城疫、传染性支气管炎、H_9亚型禽流感三联灭活疫苗	0.3~0.5毫升	肌内注射	
20日龄	鸡传染性法氏囊病活疫苗	3羽份	滴嘴或饮水	
30日龄	禽流感病毒（H_5+H_7）三价灭活疫苗	0.5~0.7毫升	肌内注射	
35日龄	鸡传染性喉气管炎活疫苗	1羽份	点眼、涂肛	选择使用

日龄	疫苗名称	剂量	用法	备注
55 日龄	鸡新城疫、传染性支气管炎二联活疫苗（L-H$_{52}$）	3 羽份	饮水	
100 日龄	鸡传染性鼻炎灭活疫苗	0.5~0.7 毫升	肌内注射	
110 日龄	鸡新城疫、传染性支气管炎、减蛋综合征、H$_9$ 亚型禽流感四联灭活疫苗	0.6~0.8 毫升	肌内注射	
115 日龄	禽流感病毒（H$_5$+H$_7$）三价灭活疫苗	0.8~1.0 毫升	肌内注射	
250 日龄	禽流感病毒（H$_5$+H$_7$）三价灭活疫苗	0.8~1.0 毫升	肌内注射	

2. 免疫抗体监测

鸡群按照免疫程序进行有关疫苗的免疫接种后，判断其是否有效果并且达到保护要求，就需要定期抽血或抽取鸡蛋进行相关疫苗的免疫抗体监测。在生产实践中比较常监测的有鸡新城疫抗体（HI 抗体水平需达 1 : 64 以上），H$_5$ 亚型禽流感抗体（HI 抗体水平需达 1 : 256 以上），H$_7$ 亚型禽流感抗体（HI 抗体水平需达 1 : 256 以上），H$_9$ 亚型禽流感抗体（HI 抗体水平需达 1 : 256 以上），减蛋综合征抗体（HI 抗体水平需达 1 : 16 以上）等。若抗体没有达到保护要求，要及时查找原因，并加强相关疫苗的免疫接种，以免发生相关疫情。

3. 疫苗免疫注意事项

（1）疫苗的选购与质量检查

要选购有国家正式批准文号的疫苗，并查看生产日期、有效期、疫苗说明书，检查疫苗的性状、密封情况以及是否存在破损等。不能购入过期或变质的疫苗（如油苗出现分层）。

（2）疫苗的运输与保存

疫苗要放在保温瓶或泡沫箱内冷藏保存运输，某些疫苗（如马立克病疫苗）需存放在液氮罐中运输，避免高温、阳光直射以及剧烈震荡。多数的冻干苗存放在 -20℃冰箱内保存，少数冻干苗（某些进口冻干活疫苗）要放在 2~8℃冰箱内保存。油剂、水剂灭活疫苗及某些卵黄抗体一般都在 2~8℃冰箱内保存，并防止结冻，否则会导致疫苗分层、结块而失效。

（3）疫苗使用方法

要按照不同鸡场的免疫程序安排使用相应的疫苗，在使用之前要认真阅读疫苗使用说明书，采用相应的免疫方法和免疫途径。某些疫苗只能采用注射（如禽流感疫苗采用皮下注射或肌内注射），有些只能采用刺种（如鸡痘活疫苗），有些采用点眼免疫（如传染性喉气管炎活疫苗），有些可以采用多种免疫方法（如鸡新城疫活疫苗可采用喷雾、点眼、滴鼻、饮水等方法免疫）。有些疫苗免疫 1 次即可（如鸡痘活疫苗），有些疫苗要免疫 2~4 次（如禽流感灭活疫苗）。

（4）其他注意事项

在进行疫苗免疫时，要了解鸡群的状况。若鸡群出现明显的咳嗽或拉白痢或拉红痢，以及其他明显病症时，要暂停或延期进行疫苗免疫，否则会加重病情，在疫苗免疫前后，可在饲料或饮水中添加多种维生素或维生素 C 可溶性粉，以提高鸡群的抗应激能力。在免疫细菌性活疫苗时（如禽多杀性巴氏杆菌病活疫苗），鸡群在免疫前 2 天和免疫后 10 天，禁止在饲料或饮水中添加任何抗生素或磺胺类药物，否则会导致疫苗免疫失效。灭活疫苗从冰箱取出后要放置在室内回温 1~2 个小时（或用温水回温）后注射，可以明显减少疫苗对鸡体的应激作用，活疫苗稀释后一般在 2 个小时内用完。疫苗接种完毕后，剩余的液体、疫苗空瓶和相关器械要用水煮沸处理，或拔下瓶塞后焚烧处理，防止疫苗污染场所。采用饮水免疫时，所用水要采用井水或河水，而不能用自来水（自来水中含有漂白粉，对活疫苗有杀灭作用），否则会影响疫苗免疫效果。饮水免疫时间一般控制在 2~3 个小时内完成，必要时采用停止饮水一段时间后再免疫，有时可在饮水中添加 1% 的脱脂奶粉，以提高活疫苗的饮水免疫效果。

4. 紧急免疫

鸡场除按照免疫程序做好相关疫苗免疫接种外，在发生疫情且得到确诊的情况下，可采取该病的疫苗（活疫苗或灭活疫苗）对受威胁的鸡群或假定健康鸡群进行紧急免疫，促使其尽快产生免疫力，从而达到控制疫情的作用。常用的紧急免疫疫苗有鸡新城疫活疫苗、鸡新城疫灭活疫苗、传染性喉气管炎活疫苗、鸡痘活疫苗、禽流感灭活疫苗等。需注意的是，在疫苗紧急免疫后 7~15 天内，鸡群有可能会出现短期内增加发病率和死亡率的现象。

（五）药物预防保健计划

根据鸡的不同品种、不同生长或生产阶段容易出现的疾病，适当地给予一些药物进行预防，可大大地提高鸡的成活率、均匀度和生产性能，保持鸡群的正常生长和生产。具体可分为蛋鸡和肉鸡两个部分。

1. 蛋鸡药物预防

（1）1~3 日龄

在此期间，饮水中按照说明用量添加多种维生素和氟苯尼考，一方面可以减少运输应激反应，防止雏鸡脱水症状；另一方面对雏鸡的大肠杆菌病、沙门菌病、脐炎也有一定的防治作用，提高雏鸡育雏成活率。

（2）8~70 日龄

在此期间要喂 3 个疗程的抗支原体病药物（如选用酒石酸泰乐菌素、替米考星、延胡索酸泰妙菌素、红霉素等），每个疗程持续 5~7 天，每间隔 15 天重复使用 1 次，目的是防治鸡的败血支原体病和滑液囊支原体病。鸡支原体病控制好了，日后鸡群发生鸡大肠杆菌病的机会大大减少。在用药过程中要注意各种药物之间的配伍禁忌和停药期。

（3）15~70 日龄

平地饲养的雏鸡，在这期间要喂 3 个疗程的抗球虫药物（如选用地克珠利、磺胺氯吡嗪钠、磺胺喹噁啉、盐酸氨丙啉等），每个疗程持续 2~3 天，每间隔 10 天重复使用 1 次。若采用网上育雏或采用球虫疫苗免疫，可以不用抗球虫药物。在用药过程中要注意各种药物之间的配伍禁忌和停药期。

（4）产蛋期

原则上蛋鸡在产蛋期间不能使用任何抗生素。但在夏天炎热天气或季节交替、气候骤变时，可以在饲料或饮水中添加一些抗应激药物（如维生素 C 或多种维生素），以减少环境因素变化对产蛋鸡生产性能的影响。

2. 肉鸡药物预防

（1）1~3 日龄

在此期间，饮水中按照说明用量添加多种维生素和氟苯尼考（或选用阿莫西林、沙星类抗生素），一方面可以减少运输应激反应，防止雏鸡脱水症状；另一方面对雏鸡的大肠杆菌病、沙门菌病、脐炎也有一定的防治作用，提高雏鸡育雏成活率。

（2）8~70 日龄

同蛋鸡药物预防。

（3）15~70 日龄

同蛋鸡药物预防。

（4）25~50 日龄

对于易发生硒缺乏症的鸡场（可能是由于放牧地土壤中缺硒）和某些鸡品种（如青脚肉鸡），可在这期间适当提高饲料中硒的含量，或额外添加少量亚硒酸钠制剂，可以有效地防止肉鸡出现硒缺乏症。

（5）天气转变时期

在夏天炎热天气或季节交替、气候骤变时，要在饲料或饮水中适当添加一些抗应激药物（如维生素 C 或多种维生素），以减少环境不良应激对肉鸡生长的影响，这对减少肉鸡的死亡率有帮助。

（六）鸡病常见临床症状、病理变化鉴别诊断

1. 神经症状

病因可能是鸡新城疫、鸡马立克病、鸡脑脊髓炎、鸡维生素 E- 硒缺乏综合征、鸡食盐中毒、鸡维生素 B_1 缺乏症等疾病。

①鸡新城疫：主要表现为扭颈，多数出现在鸡新城疫后期或慢性新城疫。此外还有腺胃乳头出血、十二指肠纽扣状溃疡、盲肠扁桃体肿大和出血等病变，以及拉绿色稀粪等症状。

②鸡马立克病：主要表现为"劈叉腿"或鸡翅膀下垂，以及患侧坐骨神经有明显肿胀等症状和病变。

③鸡脑脊髓炎：主要发生在 3 周龄以内的雏鸡，以运动失调、头部震颤为主要特征。

在产蛋期间，以突然减蛋为主要症状。

④鸡维生素 E- 硒缺乏综合征：主要发生在 15~50 日龄的小鸡，有共济失调、头后仰或向一侧倒地症状。剖检有小脑出血和软化病变。

⑤鸡食盐中毒：主要表现为口渴、拉稀、横冲直撞、脑外膜充血水肿。有喂高盐史。

⑥鸡维生素 B_1 缺乏症：主要表现为头后仰并呈"观星"症状。补充 B_1 制剂治疗效果好。

2. 鸡冠和面部肿胀症状

病因可能是高致病性禽流感、H_9 亚型禽流感、鸡传染性鼻炎、鸡败血支原体病、鸡偏肺病毒病、慢性鸡巴氏杆菌病等。

①高致病性禽流感：主要表现头部、鸡冠、肉髯肿大，脚鳞片出血，有时还有腺胃乳头周边出血，死亡快、死亡率高等症状和变化。

②H_9 亚型禽流感：主要表现为一侧或两侧面部肿胀，肉髯肿大，鸡群出现顽固性咳嗽，对蛋鸡的产蛋率影响大，但死亡率相对较低。

③鸡传染性鼻炎：主要表现为一侧或两侧面部肿胀，流鼻水，眶下窦有脓性干酪样物。发病率较高，传播速度快，用磺胺类药物及抗生素治疗均有较好效果。

④鸡败血支原体病：主要表现为肉髯肿大以及心包炎、肝周炎和气囊炎。病程持续时间长，发病率高，死亡率相对较低。此外拉黄绿色稀粪，喘气和咳嗽明显。

⑤鸡偏肺病毒病：肉鸡和蛋鸡都会发生，发病率较高，但死亡率相对较低，并有呼吸道症状。产蛋鸡还出现减蛋表现。

⑥慢性鸡巴氏杆菌病：主要表现为肉髯肿大、坏死，关节出现炎性渗出或干酪样坏死，病程较长。

3. 呼吸道症状

病因可能是高致病性禽流感、H_9 亚型禽流感、鸡新城疫、鸡传染性鼻炎、鸡败血支原体病、鸡传染性支气管炎、鸡传染性喉气管炎、鸡曲霉菌病和鸡感冒等。

①高致病性禽流感：除咳嗽外，还出现肿脸、肉髯肿大、脚鳞片出血，发病率和死亡率都很高。

②H_9 亚型禽流感：除咳嗽外，还出现肿脸、肉髯肿大，但死亡率较低，对蛋鸡的产蛋率、蛋品质影响相对较大。

③鸡新城疫：咳嗽，上呼吸道分泌物较多，有啰音，拉绿色粪便，慢性病例还有脑神经症状。此外，腺胃乳头出血、十二指肠"枣状"坏死和盲肠扁桃体肿大、出血等都具有特征性病变。

④鸡传染性鼻炎：流鼻涕、肿脸。发病率高，传播速度快，许多抗菌药物（如磺胺甲恶唑）对它均有效果。

⑤鸡败血支原体病：流浆液性鼻液、打喷嚏、咳嗽、拉黄绿色稀粪。剖检可见心包炎、肝周炎和气囊炎等病变，有时也有肿脸、瞎眼病变。

⑥鸡传染性支气管炎：呼吸型鸡传染性支气管炎表现为张口呼吸、咳嗽、有啰音，常发生于 40 日龄内的雏鸡，剖检可见支气管出血和干酪样栓塞物。除呼吸系统外，其他内

脏器官无明显的病变，有时可见肾脏肿大苍白，输尿管有尿酸盐沉积。

⑦鸡传染性喉气管炎：主要发生于中大鸡，主要症状是呼吸困难（抬头伸颈、张口呼吸），打喷嚏，咳嗽，咯血，有时发出尖叫声或鸣笛声，零星死亡。喉头存在黄白色渗出物阻塞为特征性病变。

⑧鸡曲霉菌病：表现呼吸困难（张口呼吸、头颈伸直），但很少有啰音。肺脏、气囊和胸膜、腹膜上有针头大小至米粒或绿豆大小黄白色结节，肺脏组织质地变硬，有时可见到成团的霉菌斑。

⑨鸡感冒：环境温差引起的感冒主要表现为流鼻涕、咳嗽。用一般的广谱抗生素（如恩诺沙星或红霉素等）均有效果。

4. 肠炎下痢症状

病因可能是禽流感（包括高致病性禽流感和 H_9 亚型禽流感）、鸡新城疫、鸡传染性法氏囊病、鸡大肠杆菌病、鸡组织滴虫病、鸡球虫病、鸡住白细胞虫病、鸡白痢、鸡伤寒、鸡绿脓杆菌病和鸡肠毒综合征等。

①禽流感：包括高致病性禽流感和 H_9 亚型禽流感都会拉黄白色稀粪，此外还会导致肿脸、肉髯肿大和其他一些特征性病变。

②鸡新城疫：拉绿色稀粪，此外还有扭头、腺胃出血、盲肠扁桃体肿大和出血等一些特征性症状和病变。

③鸡传染性法氏囊病：拉白色稀粪，此外还有胸肌、腿肌出血，以及法氏囊肿大出血等特征性病变。

④鸡大肠杆菌病：拉黄绿色或黄白色稀粪。此病往往与其他疾病混合感染使粪便呈多样性。

⑤鸡组织滴虫病：拉黄白色稀粪，有时粪便中带血。盲肠肿大，内有干酪样栓塞。肝脏肿大，表面形成圆形、中间凹陷的溃疡病灶，具有特征性病理变化。

⑥鸡球虫病：拉黄白色稀粪或巧克力色稀粪，有时带血便。小肠壁上有出血点，肠内有大量红色糊状物。盲肠肿大，肠内充满血液。发病率和死亡率都比较高。

⑦鸡住白细胞虫病：拉绿色稀粪。肌肉、肠系膜、脂肪、输卵管等器官上有粟粒大小的淡红色出血囊，突出表面。脾脏肿大 1~5 倍。肉鸡还出现肾脏大面积出血。

⑧鸡白痢：拉白色稀粪，黏附于肛门周围的羽毛上。主要发生于 1~3 周龄雏鸡。肝脏表面有大小不等、数量不一的坏死点或坏死斑。

⑨鸡伤寒：拉黄色稀粪，多发生于成年鸡。肝脏肿大，呈棕绿色或古铜色。

⑩鸡绿脓杆菌病：拉黄白色水样稀粪，主要发生于 10 日龄以内的雏鸡。此外，还有皮下水肿、卵黄吸收不良等病变。这些症状与种鸡场接种马立克病疫苗时污染有关。

⑪鸡肠毒综合征：由于饲料品质不良或其他原因造成的肠炎。先出现拉黄白色稀粪，严重时转为绿色带黏液或红褐色稀粪。在找出原因并用广谱抗菌药物治疗后能很快治愈。

5. 关节肿胀、骨异常病变

病因可能是鸡葡萄球菌病、鸡滑液囊支原体病、鸡病毒性关节炎、鸡关节型痛风、鸡锰缺乏症等疾病。

①鸡葡萄球菌病：多处关节、脚垫或皮肤肿胀。病鸡运步困难，有跛行症状。

②鸡滑液囊支原体病：关节和爪垫肿胀，胸骨囊肿，切开可流出黏稠和乳白色渗出物。病鸡消瘦及软脚。

③鸡病毒性关节炎：行走困难，喜欢坐在跗关节上。以腱鞘炎、肌腱断裂为主要特征。肌腱出血，关节周围的肌肉组织出现红肿现象。多见于4~6周龄鸡，具有传染性。

④鸡关节型痛风：关节（特别是跗关节）出现豌豆至蚕豆大小、坚硬的黄色结节，并可能有1~2个带热痛的波动点，常破溃流出脂样物质。

⑤鸡锰缺乏症：跗关节异常肿大，骨变粗变短（又叫骨短粗病），腿外翻。切开关节可见腓肠肌腱从跗关节中滑出。

6. 鸡产蛋异常或产蛋率下降症状

病因可能是鸡传染性支气管炎、鸡减蛋综合征、H₉亚型禽流感、鸡住白细胞虫病、鸡脑脊髓炎、鸡滑液囊支原体病、饲养管理问题，以及其他一些传染病。

①鸡传染性支气管炎：产蛋率下降，产软壳蛋、畸形蛋和粗壳蛋，产蛋鸡腹部下垂。剖检可见卵巢发育正常，上段输卵管发育不良，下段输卵管积液严重，蛋清稀薄，并有不同程度的输卵管炎症。

②鸡减蛋综合征：多发于产蛋前期3个月以内，采食量和精神基本正常，产蛋率突然下降（下降幅度20%~50%），且产薄壳蛋、无壳蛋、畸形蛋。产蛋率下降后不易恢复到正常水平。

③H₉亚型禽流感：在冬春季节多发。除产蛋率下降、蛋壳质量变差外，个别出现肿脸、肉髯肿胀和咳嗽症状，及时处理后产蛋率很快恢复正常。剖检可见卵巢变性和卵黄性腹膜炎。

④鸡住白细胞虫病：每年的5~10月间发病。鸡冠苍白，拉绿色粪便，产白壳蛋或花点蛋且蛋壳变薄。此外，还出现个别鸡死亡，脾脏肿大明显，肠系膜和输卵管上有灰白色或红色出血囊突出表面等病变。用磺胺间甲氧嘧啶等药物治疗效果好。

⑤鸡脑脊髓炎：鸡群采食、饮水、死淘率基本正常，但产蛋率急骤下降，下降幅度为30%~50%，经15天后又逐渐恢复正常。

⑥鸡滑液囊支原体病：产蛋率不易上升到高峰，蛋壳质量变差（蛋端出现粗壳）。

⑦饲养管理问题：由于饲料中鱼粉、多种维生素和饲料成分变质或数量变化等均可造成产蛋率突然下降，蛋壳质量也有不同程度改变。在管理过程中，遇到天气骤变或打针等不良应激也会导致产蛋率和蛋壳质量改变。一旦以上原因排除后，产蛋率迅速上升到正常水平。

7. 肝脏病变

病因可能是鸡巴氏杆菌病、鸡白痢、鸡伤寒、鸡副伤寒、鸡大肠杆菌病、鸡弧菌性肝炎、鸡组织滴虫病、鸡马立克病、鸡白血病、鸡包涵体肝炎、鸡脂肪肝病等疾病。

①鸡巴氏杆菌病：肝脏表面有许多针尖状的白色坏死点，死亡速度快，同时可见心冠脂肪出血，肠道卡他性或出血性肠炎。用广谱抗生素治疗效果好，但易复发，不易根治。

②鸡白痢：肝脏肿大，表面有小点出血和白色坏死点。多见于 2~3 周龄的雏鸡。粪便白色，黏附于肛门口。病程稍长者可见心脏、肺脏、肠壁上有黄白色坏死结节。

③鸡伤寒：多见于成年鸡。肝脏肿大呈棕色或青铜色。往往零星发病，死亡率很低。

④鸡副伤寒：肝脏有条纹状出血或有大小不一的灰白色坏死灶。此外，小肠炎症明显，盲肠肿大，内含黄白色干酪样物质。

⑤鸡大肠杆菌病：肝脏肿大，暗红色，表面有一层白色的纤维素性渗出物。此外还可见心包炎、气囊炎和肠炎病变。

⑥鸡弧菌性肝炎：主要发生于中大鸡。肝脏肿大，暗红色，表面密布小出血点，肝脏边缘有少量黄白色坏死灶。死亡鸡腹腔常有血水，有时有血凝块。

⑦鸡组织滴虫病：肝脏肿大，表面形成一些圆形或不规则形的中间凹陷的溃疡病灶，病灶为淡黄色或灰绿色。同时一侧或两侧的盲肠肿大变得粗而硬，内为干酪样栓塞。

⑧鸡马立克病：肝脏肿大 2~3 倍，表面和内部有弥漫性或结节性的肿瘤。脾脏肿大 2~3 倍。病理组织切片可见大量成熟的淋巴细胞和网状细胞。

⑨鸡白血病：肝脏肿大，布满弥漫性或结节性肿瘤。内脏的其他器官如法氏囊、肾脏、肺脏、性腺、心脏、骨髓、肠系膜等也可见到肿瘤结节。肿瘤病理切片主要由成熟的淋巴细胞组成（即淋巴母细胞）。

⑩鸡包涵体肝炎：肝脏肿大，呈黄褐色，表面有散在点状或斑块状出血，伴有不同程度坏死。病鸡易受应激死亡，用药不良也会加剧死亡。

⑪鸡脂肪肝病：肝脏肿大，质脆，呈黄色油腻状，易发生肝脏破裂而造成内出血死亡。腹下脂肪偏厚，易发生应激死亡。

8. 肾脏肿胀病变

病因可能是鸡传染性法氏囊病、鸡传染性支气管炎、鸡痛风、鸡维生素 A 缺乏症、某些药物中毒等疾病。

①鸡传染性法氏囊病：多见于 2~6 周龄小鸡。肾脏肿大、苍白。同时还有肌肉出血，法氏囊肿大出血等病变。

②鸡传染性支气管炎：主要是鸡传染性支气管炎（肾型），表现肾脏肿大，有大量白色尿酸盐沉积。多发生于小鸡。此外，还有张口呼吸、咳嗽、拉白色粪便等症状。

③鸡痛风：肾脏肿大、苍白，肾小管充满尿酸盐，输尿管也充满尿酸盐。严重时可见肾结石或输尿管结石。在内脏器官如心脏、肝脏、脾脏、肠系膜上常见到石灰样的尿酸盐沉积物。关节也有类似的病变。

④鸡维生素 A 缺乏症：肾脏肿大、苍白，肾小管和输尿管有少量尿酸盐沉积。上、下眼睑往往被分泌物黏合在一起，严重时可出现失明。上消化道黏膜有白色小脓疱覆盖。

⑤某些药物中毒：磺胺类、某些不能配伍的药物联合使用可造成肾脏肿大、苍白，严重时在肾小管和输尿管内出现尿酸盐沉积。

9. 肺脏和气囊病变

病因可能是鸡败血支原体病、鸡白痢、鸡曲霉菌病、鸡大肠杆菌病等。

①鸡败血支原体病：肺炎、气囊混浊，腹腔内有不同程度的干酪样渗出物，此外还有心包炎和肝周炎病变。在临床上，可见喘气、咳嗽、拉黄绿色稀粪等症状。

②鸡白痢：拉白色稀粪，黏附在肛门口，肝脏肿大，肝表面有白色坏死点，肺脏有白色小结节，卵黄吸收不良。

③鸡曲霉菌病：肺脏、气囊可见到大小不等的白色、灰色或淡绿色小结节，有时可见到霉菌斑。

④鸡大肠杆菌病：往往与败血支原体并发感染，出现肺炎、气囊炎、心包炎、肝周炎病变，在腹腔中会形成黄色干酪样分泌物。慢性病例在肺脏、心脏、肠系膜等会产生典型的肉芽肿。

10. 皮肤病变

病因可能是鸡马立克病（皮肤型）、鸡痘、鸡葡萄球菌病、烈性传染病导致的鸡败血症和鸡奇棒恙螨病等。

①鸡马立克病（皮肤型）：体表毛囊腔形成结节或小的肿瘤块结节，皮肤呈灰黄色，有时肿瘤结节破溃。以颈部、翅膀、大腿外侧皮肤多见。

②鸡痘：在鸡无毛或毛发稀少的皮肤形成一种灰白色水痘样小结节，几天后干燥形成痂皮或痘痂，有时在眼、口腔黏膜会形成黄白色假膜。鸡痘发生一段时间后会自行脱落。

③鸡葡萄球菌病：急性病例可见皮肤肿胀，皮下积液或破溃后流出淡红色渗出物。慢性病例在关节和脚趾出现肿胀、发炎。

④鸡败血症：一些烈性传染病（如禽流感、鸡新城疫、鸡巴氏杆菌病等）中死亡的病例可见全身皮肤发红，呈紫红色。不同的传染病有其相应不同的特征性病变。

⑤鸡奇棒恙螨病：野外放牧的鸡在大腿、胸部皮肤出现脐状红色结节突出皮肤，取结节进行镜检，可检出3对足的恙螨幼虫。

11. 脾脏病变

病因可能是鸡马立克病（内脏型）、鸡住白细胞虫病、鸡白血病、鸡网状内皮组织增生症等。

①鸡马立克病（内脏型）：脾脏肿大2~5倍，同时在肝脏也会出现肿瘤结节病变，病鸡消瘦。病理切片可见大量成熟的淋巴细胞和网状细胞。

②鸡住白细胞虫病：脾脏肿大2~5倍，同时在肠系膜、脂肪、输卵管等器官上有粟粒大小的红色出血囊突出表面。个别肾脏表面出现大面积出血。

③鸡白血病：脾脏肿大。此外内脏许多器官如法氏囊、肾脏、肺脏、性腺、心脏、骨髓、肠系膜等均可见到肿瘤结节。病理切片可见大量成熟的淋巴细胞。

④鸡网状内皮组织增生症：脾脏肿大。病鸡消瘦，腺胃肿大，乳头增生出血。易并发其他疾病。

12. 腺胃病变

病因可能是高致病性禽流感、H_9亚型禽流感、鸡新城疫、鸡传染性支气管炎（腺胃型）、鸡马立克病、鸡网状内皮组织增生症、产蛋鸡疲劳综合征、某些寄生虫疾病和鸡肌腺胃炎等。

①高致病性禽流感：腺胃乳头有脓性分泌物流出，个别腺胃乳头周边出血。头部、面部、肉髯肿大，脚肿大，鳞片出血。发病率和死亡率都很高。

② H₉ 亚型禽流感：腺胃乳头有脓性分泌物流出，个别乳头周边出血。病鸡面部、肉髯肿大，咳嗽症状明显，产蛋率下降，但死亡率较低。

③鸡新城疫：腺胃乳头尖部出血，腺胃与肌胃交界处有出血斑。十二指肠枣状坏死，盲肠扁桃体肿大出血明显。用新城疫活疫苗紧急免疫，10~15 天之后可控制病情。

④鸡传染性支气管炎（腺胃型）：腺胃肿大如球状，腺胃壁增厚，切开腺胃乳头出血明显。病鸡消瘦，多发生在 30~80 日龄中鸡阶段。

⑤鸡马立克病：腺胃肿大如球状，腺胃壁增厚，切开腺胃乳头出血明显。此外病鸡肝脏肿大并有肿瘤结节，脾脏肿大 2~5 倍。

⑥鸡网状内皮组织增生症：病鸡消瘦，腺胃肿大如球状，腺胃壁增厚，脾脏肿大明显，其他内脏器官无明显病变。

⑦产蛋鸡疲劳综合征：腺胃变薄，黑褐色，腺胃乳头流出黑褐色的分泌物，严重时出现腺胃穿孔，内容物直接漏到腹腔。此外还有软脚症状，多发生于产蛋期早期。

⑧某些寄生虫疾病：放牧饲养的鸡腺胃内出现溃疡、出血和菜花样病变，可能是鸡旋锐形线虫。放牧鸡腺胃出现黑褐色虫体，可能是鸡四棱线虫病。

⑨鸡肌腺胃炎：切开腺胃乳头扁平，肌胃角质层变黑褐色，有的出现糜烂。

13. 肌肉出血病变

病因可能是鸡传染性法氏囊病、鸡住白细胞虫病、鸡磺胺类药物中毒和鸡败血症等疾病。

①鸡传染性法氏囊病：胸肌和腿肌出现条状出血，法氏囊肿大、出血明显，多发生于 15~45 日龄的雏鸡。

②鸡住白细胞虫病：胸肌出现点状出血囊，此外，心脏、脂肪、肠系膜、输卵管等器官也有许多小出血囊突出表面。个别肾脏出血。

③鸡磺胺类药物中毒：肌肉出血点或出血斑，肾脏肿大，有喂过磺胺药史。

④鸡败血症：肌肉出血，皮肤发红，内脏器官有不同程度出血。

14. 眼睛病变

病因可能是鸡维生素 A 缺乏症、鸡败血支原体病、鸡传染性鼻炎、鸡痘、鸡大肠杆菌病、鸡氨气中毒、鸡马立克病（眼型）等疾病。

①鸡维生素 A 缺乏症：流泪，眼睑下有干酪样物积聚，严重时会造成上下眼睑粘连而失明。此外，上消化道黏膜可见一层灰白色伪膜覆盖或小的化脓灶，剥离后黏膜仍完整。

②鸡败血支原体病：鼻腔和眶下窦积有干酪样渗出物，造成一侧或两侧眼睑肿胀，严重的造成眼部突出，甚至失明。此外还有心包炎、肝周炎、气囊炎病理变化。

③鸡传染性鼻炎：一侧或两侧的鼻腔和眶下窦积有干酪样渗出物，造成一侧或两侧的脸部肿胀和结膜炎。此外，病鸡流鼻涕明显。用磺胺类药物治疗效果好。

④鸡痘：眼睑上长痘造成眼睛发炎，严重的造成失明。身上无毛的皮肤上也长有鸡痘。

通过加强鸡痘免疫接种可控制病情发展。

⑤鸡大肠杆菌病：眼睛出现结膜炎，眼角流出带泡沫的分泌物。病鸡常用鸡爪抓眼睛。此病与饲养环境条件差有很大关系。

⑥鸡氨气中毒：眼睛流泪、眼眶四周的羽毛潮湿。此外还有张口呼吸、咳嗽和死亡率偏高等临床症状。

⑦鸡马立克病（眼型）：一侧或两侧眼睛对光反应迟钝，重者失明，眼球呈灰白色，瞳孔边缘不整齐呈锯齿状。

15. 组织内弥漫性出血病变

病因可能是鸡维生素 K 缺乏症、鸡败血症、鸡霉菌毒素中毒、鸡磺胺类药物中毒、鸡葡萄球菌病和鸡 J 型白血病等疾病。

①鸡维生素 K 缺乏症：皮下组织、胸肌、腿肌、肝脏、腹膜等组织有出血点或出血斑，有的在腹腔也可见大出血块。血凝时间延长。

②鸡败血症：除皮肤、内脏组织出现弥漫性出血病变外，不同的传染病有其相应的特征性病变。

③鸡霉菌毒素中毒：如曲霉菌、青霉菌，以及饲料发霉产生的多种毒素均可造成体内发生弥漫性出血，骨髓变成苍白或黄色。此外还有一些其他的特征性病变。

④鸡磺胺类药物中毒：造成体内弥漫性出血。此外肾和输尿管还有尿酸盐沉积。

⑤鸡葡萄球菌病：急性病例可见患部皮肤成紫红色，皮下蓄积血样渗出物并有波动感。有时患部破溃后会流出暗红色渗出物。

⑥鸡 J 型白血病：可见鸡皮肤、脚趾出现血疱。此外，某些内脏器官也有出血疱和一些弥漫性肿瘤结节。

二、鸡病毒性疾病

（一）鸡新城疫

鸡新城疫又称亚洲鸡瘟，是一种由副黏病毒引起的急性、热性、高度接触性传染病，在我国被列为一类传染病。此病的主要特征是呼吸困难、严重下痢、全身黏膜和浆膜出血，病程稍长的病例可出现神经症状。

1. 病原

新城疫病毒属于副黏病毒科副黏病毒属的 I 型副黏病毒。病毒具有囊膜，囊膜上有两种纤突，即血凝素和神经氨酸酶，能凝集多种动物的红细胞。此病毒的抵抗力不强，易被高温、干燥、日光和各种消毒剂杀灭，但在低温和阴暗潮湿环境下会存活较长时间。新城疫病毒虽然只有一个血清型，但病毒的毒力可随病毒宿主和外界条件的变化而改变。根据 F 基因序列不同可把新城疫病毒分为 9 个基因型，目前国内外报道在鸡场出现概率最高的为基因Ⅶ型。

2. 流行病学

鸡、火鸡、鸽子、鹌鹑、野鸡等对此病都易感，其中以鸡最易感。不同品种禽类，其感染的新城疫基因型有所不同。此病一年四季均可发生，但以冬春寒冷季节多发。此病的传播途径主要是通过病鸡与健康鸡的直接接触或通过人为的间接接触（如鞋、鸡笼、鸡袋子和其他用具等）而传播。病毒的感染途径是通过鸡的呼吸道和消化道。

3. 临床症状

此病的潜伏期一般为 3~5 天。根据病程长短大致可分为急性和慢性 2 种类型。

（1）急性病例

病鸡体温上升到 43~44℃，吃料减少或废绝，可见许多病鸡精神委顿、羽毛粗乱、不愿走动、垂头缩颈、双翼下垂（图 2-1），鸡冠和肉髯呈紫红色，眼睛半闭或全闭，粪便呈黄绿色（图 2-2）。嗉囊内积液较多，倒提时会从口角流出大量臭酸味的黏液。病鸡有不同程度的咳嗽症状，并发出"咯咯"的喘叫声，有时见到摆头和吞咽动作。发病率和死亡率都很高，可达 90% 以上。病程 7~10 天。

（2）慢性病例

多见于急性流行后期的鸡群或免疫效果较差的鸡群（特别是产蛋鸡）。在临床上表现神经症状或产蛋率下降。以神经症状为主的慢性病例表现为：双翅和腿麻痹、站立不稳、

图 2-1 羽毛粗乱,双翼下垂

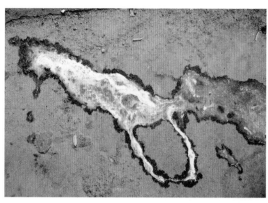

图 2-2 拉黄绿色稀粪

图 2-3 头颈向后弯曲

图 2-4 头向一侧扭曲

头颈向后(图 2-3)或向一侧扭曲(图 2-4)等神经症状,且可呈现反复发作,病程可持续 10~20 天,死亡率相对较低。以产蛋率下降为主的慢性病例表现为:咳嗽、啰音、甩头、拉黄绿色稀粪、产蛋率急剧下降到 40%~50%,蛋壳退白(图 2-5),病死鸡呈现不规则增加。

4. 病理变化

(1)急性病例

病死鸡全身黏膜和浆膜出血明显。口腔和咽喉黏液较多,嗉囊内充满酸臭味的液体。腺胃黏膜和乳头尖出现不同程度的

图 2-5 蛋壳退白

出血(图 2-6、图 2-7),在腺胃与食道或腺胃与肌胃的交界处常有条状或不规则的出血斑(图 2-8),有时在肌胃肌层也有出血斑(图 2-9)。整个小肠和大肠充血、出血明显。十二指肠段可见到枣状坏死溃疡灶,在肠浆膜外可清晰地看到隆起的黑红色斑块(图 2-10、图 2-11)。盲肠扁桃体肿大、出血(图 2-12)、坏死。气管喉头内积有大量黏液,喉头

图 2-6　腺胃乳头出血

图 2-7　腺胃乳头出血严重

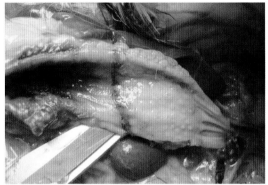

图 2-8　腺胃与肌胃交界处出血斑

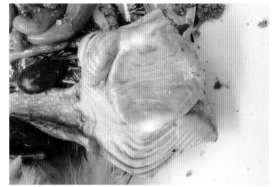

图 2-9　肌胃肌层出血

图 2-10　十二指肠外枣状坏死

图 2-11　十二指肠内枣状坏死

图 2-12　盲肠扁桃体肿大出血

图 2-13　喉头气管出血

和气管黏膜充血、出血（图2-13），心冠脂肪点状出血，脑膜充血或出血。其中以腺胃乳头出血、十二指肠枣状溃疡和盲肠扁桃体肿大出血3个病理变化最为明显。

（2）慢性病例

无明显可见病理变化。仔细观察可能有卡他性肠炎，以及神经系统的原发性细胞变性或坏死等病理变化。

5. 诊断

（1）临床诊断

根据流行病学、临床症状和特征性病理变化可作出初步诊断。在临床上，急性死亡病例要与高致病性禽流感、鸡巴氏杆菌病进行鉴别诊断；慢性病例要与鸡传染性喉气管炎、H_9亚型禽流感、维生素 B_1 缺乏症进行鉴别诊断。

（2）化验诊断

第一，聚合酶链反应试验（PCR）。该诊断方法较敏感，目前已广泛地应用于鸡新城疫的诊断。第二，病毒的分离与鉴定。取病死鸡的呼吸道分泌物、脾脏、肺脏、脑等组织研磨处理后接种9~12日龄鸡胚绒毛膜或尿囊腔内，每枚鸡胚接种0.1~0.2毫升，而后置于37℃温箱中培养1~5天。每天照蛋检查，看看鸡胚是否死亡。若鸡胚24小时内死亡，则属于意外死亡。24小时后死亡的鸡胚，观察是否有出血病变，同时收集尿囊液进行血凝试验和血凝抑制试验。若尿囊液具有凝集红细胞和被已知的抗新城疫血清所抑制，那么即可确诊为鸡新城疫。第三，血清学试验。采集鸡群在暴发疫病急性期（10天内）和康复后期两份血清，用血凝抑制试验测定血清中的鸡新城疫的抗体滴度，若抗体滴度明显增高也可诊断。第四，荧光抗体技术。取病死鸡的肺脏、肝脏、肾脏、脾脏等组织压印片进行荧光抗体染色，在荧光显微镜下看见白细胞中的胞核和胞浆有明显的黄绿色荧光可确诊。

6. 防控措施

（1）预防

用于预防鸡新城疫的疫苗有很多，大致可分为灭活疫苗和活疫苗2大类。活疫苗有L系、L–H_{120}等，适用于鸡群的首次免疫或加强免疫，免疫方法有滴鼻、点眼、饮水、气雾等。其中滴鼻、点眼、气雾的免疫效果要优于饮水免疫，但免疫保护期相对较短，只有1~2个月。灭活疫苗有鸡新城疫灭活疫苗，鸡新城疫、传染性支气管炎二联灭活疫苗，鸡新城疫、法氏囊二联灭活疫苗，鸡新城疫、传染性支气管炎、H_9亚型禽流感三联灭活疫苗等多种，适合于15日龄以上且经过活疫苗免疫过的鸡只使用，现在经过浓缩的新城疫灭活疫苗也有安排早到1日龄注射，肌内注射可产生较高的免疫抗体，持续时间较长（可达4~6个月）。

鸡新城疫疫苗免疫程序因地域、鸡品种和疫苗生产厂家的不同而异。

一般来说，肉鸡的免疫程序：7日龄时，用鸡新城疫L系或L–H_{120}活疫苗采用滴鼻、点眼或气雾进行首免；18日龄时，采用鸡新城疫灭活疫苗或鸡新城疫、传染性支气管炎、H_9亚型禽流感三联灭活疫苗肌内注射加强免疫；之后间隔2~3个月再使用活疫苗或灭活疫苗加强免疫。

蛋鸡的免疫程序：7 日龄时，用 L 系或 L-H$_{120}$ 活疫苗采用滴鼻、点眼或气雾进行首免；18 日龄时，采用鸡新城疫、传染性支气管炎、H$_9$ 亚型禽流感三联灭活疫苗采用肌内注射免疫；55 日龄时，用 L-H$_{52}$ 二联活疫苗饮水免疫；110 日龄开产前，采用鸡新城疫、传染性支气管炎、减蛋综合征、H$_9$ 亚型禽流感四联灭活疫苗肌内注射，以后每间隔 2~3 个月时间再用鸡新城疫 L 系活疫苗重复免疫。必要时间隔 6 个月再肌肉注射新城疫灭活疫苗 1 次，在免疫过程中要时常观察鸡群状况，每隔一段时间按鸡群数 1% 比例抽血进行血液疫苗免疫抗体检测，若发现鸡新城疫抗体滴度低于 1∶64 时，要及时免疫鸡新城疫疫苗。

（2）发病时处理措施

当鸡群发生鸡新城疫时，首先要做好鸡场内外环境的消毒工作和病死鸡的无害化处理。其次做好鸡群的紧急免疫措施。紧急免疫可采取鸡新城疫 L 系活疫苗，按 5~8 倍量进行饮水或气雾免疫，免疫后 7~10 天产生免疫效果，在 7 天内可能会出现死亡率增加的情况。除了使用鸡新城疫 L 系活疫苗紧急免疫外，还可以选择使用肌肉注射鸡新城疫灭活疫苗进行紧急免疫，免疫后 12~15 天才能产生较好的免疫效果。

（二）高致病性禽流感

高致病性禽流感又称真性鸡瘟或欧洲鸡瘟，是由正黏病毒引起的一种急性、烈性传染病。在我国被列为一类传染病，包括 H$_5$ 亚型和 H$_7$ 亚型禽流感。

1. 病原

禽流感病毒为正黏病毒科流感病毒属 A 型流感病毒，病毒粒子呈球形，直径 80~120 纳米，病毒具有囊膜，囊膜上有两种纤突，即凝集素（HA）和神经氨酸酶（NA）。目前已报道的禽流感 HA 有 16 种（H$_1$~H$_{16}$），NA 有 9 种（N$_1$~N$_9$），根据 HA 和 NA 的不同，禽流感病毒又分为许多亚型。根据病毒致病力不同又分为无致病力、低致病力（如 H$_9$N$_2$）、高致病力（如 H$_5$N$_6$、H$_7$N$_2$）毒株。流感病毒对温热、脂溶性消毒剂比较敏感，一般消毒药均能将其灭活。在阳光直射或紫外线照射下病毒易被杀灭，但在低温环境下会存活较长时间。此外，病毒在鸡体组织、分泌物、粪便中会存活较长时间。

2. 流行病学

所有禽类对 H$_5$ 和 H$_7$ 亚型禽流感均易感，其中鸡、火鸡往往会造成 100% 发病死亡，而鸭、鸽子等发病率和死亡率略低些。此病一年四季均可发生，但以冬春寒冷季节多发，在春夏之交、秋冬之交时气候多变季节也容易发生。此病的传播途径有如下几个方面：病鸡和健康鸡的直接接触感染；通过一些媒介（如候鸟、老鼠、装鸡袋子、鞋子、运输工具等）的间接接触感染；某些发生过此病的疫点没有消毒干净，病毒隐性存在而形成疫源地，一旦遇到气候转变或其他一些应激因素时有可能再次诱发此病。

3.临床症状

此病的潜伏期较短，通常为 3~5 天。主要表现为病鸡体温升高到 42℃以上，有时吃料正常，有时吃料减少。个别精神沉郁，肉髯水肿（图 2-14），严重时可扩展到脸部和头颈部，鸡冠发紫（图 2-15），眼睑肿胀，鼻流浆液性分泌物。个别病鸡出现眼角膜混浊（图 2-16）。病死鸡脚肿大，鳞片出血（图 2-17）。临床上还可听到不同程度的咳嗽声。病程短，疫情传播速度快，发病率和死亡率均可达 100%。有些病例在没有明显病症时就突然出现大面积死亡。在笼养产蛋鸡场，此病的发生往往从鸡舍的某一角落先开始死亡，然后向周围扩散。此外还表现为拉黄白色稀粪，蛋鸡产蛋率下降，产软壳蛋和白壳蛋增加；鸡群死亡数量迅速增加，用药物治疗无明显效果。病后期，个别病鸡出现歪头症状（图 2-18）。有些 H_7 亚型禽流感的临床症状不典型，只表现为咳嗽和零星死亡。

图 2-14 肉髯水肿

图 2-15 头肿大、鸡冠发紫、肉髯水肿

图 2-16 鸡眼角膜混浊

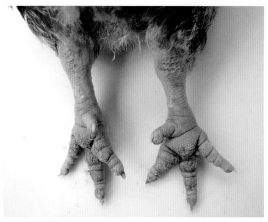

图 2-17 脚肿大、鳞片出血

图 2-18　歪头症状

图 2-19　胸部皮肤发紫

图 2-20　腺胃乳头水肿、出血

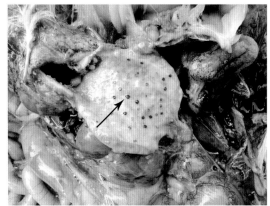

图 2-21　腺胃乳头有脓性分泌物、乳头周边出血病变

4. 病理变化

最急性病例往往见不到明显的肉眼病理变化。急性病例可见到部分鸡的头部和脸部皮下水肿，全身皮肤、肌肉和脂肪有不同程度的出血（图 2-19）。心包积液、有时可见心肌条状坏死。腺胃乳头水肿、出血（图 2-20），乳头中央可流出脓性分泌物，少部分可见乳头周边出血（图 2-21）。肠道及盲肠扁桃体有不同程度的出血。胆囊肿大（图 2-22）。胰腺有白色坏死点。上呼吸道存在不同程度的分泌物或黄白色干酪样阻塞物。有些病例出现肺脏水肿和肺脏出血，脚鳞片出血。产蛋期的病鸡可见到卵巢上卵泡变性（图 2-23），卵泡破裂于腹腔中而形成卵黄性腹膜炎（图 2-24）。输卵管水肿，切开输卵管可见白色黏稠分泌物或凝乳块存在。

5. 诊断

（1）临床诊断

根据流行病学、临床症状、病理变化可作出初步诊断。在临床上需与鸡新城疫、H₉亚型禽流感进行鉴别诊断。

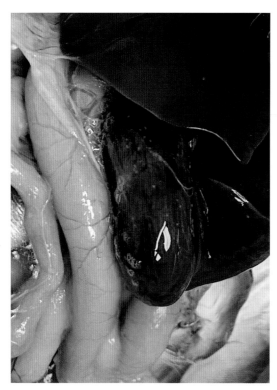

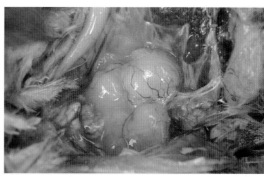

图 2-23　卵泡变性

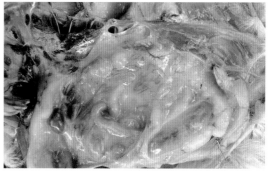

图 2-22　胆囊肿大　　　　　　　　　图 2-24　卵黄破裂于腹腔中形成卵黄性腹膜炎

（2）聚合酶链反应试验

取肝脏、肺脏、脾脏等病料采用 H_5 和 H_7 亚型禽流感引物进行聚合酶链反应试验诊断。

（3）病毒分离

需在国家规定的三级实验室中进行，具体步骤参考鸡新城疫病毒的分离。

6. 防控措施

（1）预防

高致病性禽流感的防疫工作在我国已列为强制免疫内容。目前以 H_5+H_7 亚型禽流感三价灭活疫苗为主。在不同地区其免疫程序有所不同，具体以当地兽医主管部门推荐的程序为准。一般来说：首免安排在 14 日龄，肌注 H_5+H_7 亚型禽流感灭活疫苗 0.3~0.5 毫升；二免安排在 30 日龄，肌注 H_5+H_7 亚型禽流感灭活疫苗 0.5~0.6 毫升；产蛋鸡和种鸡于 120 日龄和 250 日龄分别再次免疫 H_5+H_7 亚型禽流感灭活疫苗（剂量分别为 0.8 毫升和 1.0 毫升）。除了做好疫苗免疫外，还要提高饲养管理水平、加强消毒和隔离等生物安全措施，特别强调鸡、鸭、鹅不能混养，这对预防此病有重要现实意义。必要时疫苗免疫后 25~30 天可抽血进行免疫抗体监测，发现抗体不达标时要及时找原因并及时补免。

（2）发生高致病性禽流感时处理措施

按照我国政府规定，当某个鸡场发生疑似高致性禽流感疫情时，首先要向当地兽医行政管理部门报告，并由当地政府发布对疫点的封锁、扑杀、消毒等处理措施，同时对疫点周围 5 千米范围内所有家禽采用 H_5+H_7 亚型禽流感三价灭活疫苗的加强免疫。

（三）H₉ 亚型禽流感

H₉亚型禽流感是由 H₉ 亚型禽流感病毒引起的鸡的一种常见传染病。

1. 病原

禽流感病毒为正黏病毒科流感病毒属 A 型流感病毒，病毒粒子呈球形，直径 80~120 纳米，病毒具有囊膜，囊膜上有两种纤突，即红细胞凝集素（HA）和神经氨酸酶（NA）。目前已报道的禽流感 HA 有 16 种（H₁~H₁₆），NA 有 9 种（N₁~N₉）。不同的 HA 和 NA 之间可发生多种形成的组合，产生许多不同亚型的禽流感病毒。H₉亚型禽流感属于低致病性，主要的以 H₉N₂ 亚型为主，属于 9.4.2.5 分支或 9.2.4.6 分支。

图 2-25　眼睑、头部水肿

图 2-26　出现软壳蛋和畸形蛋

2. 流行病学

易感动物包括肉鸡、蛋鸡、火鸡和部分野禽，而水禽相对不易感。各种日龄鸡均可发生。发病季节以冬春季节多发，特别是在气候骤变或气温较低时易发，传播途径包括接触传播和空气传播。近年来，该病在肉鸡场发病率较高，与肉鸡场免疫密度低、生物安全措施做不好及疫苗型号不匹配有关。

3. 临床症状

病鸡体温升高，精神沉郁，采食量减少，拉黄白色稀粪。个别病鸡的眼睑、头部、鸡冠和肉髯水肿（图 2-25），并出现单侧或双侧的脸部肿胀、流鼻水、打喷嚏临床症状。绝大部分病鸡有顽固性咳嗽、流泪、啰音等呼吸道症状，严重时出现一些病鸡死亡。产蛋鸡出现产蛋率逐渐下降，蛋壳变白并出现软壳蛋、畸形蛋（图 2-26），发病率 30%~50%，死亡率 5%~30%，病程持续 10 多天。个别鸡场可因天气转变而反复发病，前后可持续 30 天左右。

4. 病理变化

头部和肉髯皮下水肿，鼻窦腔内有大量干酪样分泌物（图 2-27），腺胃乳头刀刮后有乳白色分泌物流出（图 2-28），个别乳头周边有出血或出血斑，肝脏、脾脏、肾脏等脏器略肿大，胰腺有白色坏死点。喉头黏液较多，气管黏膜充血、出血严重（图 2-29），有时气管或支气管内有干酪样堵塞物。气囊混浊，有时形成黄色干酪样物，卵巢上卵泡变性萎缩（图 2-30），时常可见卵泡破裂于腹腔中形成卵黄性腹膜炎，输卵管水肿，切开输卵管可见软蛋壳和一些白色凝乳块，中后期在腹腔可见卵黄性腹膜炎。

5. 诊断

（1）临床诊断

结合流行病学、临床症状和病理变化可作出初步诊断。在临床上需与鸡传染性鼻炎、

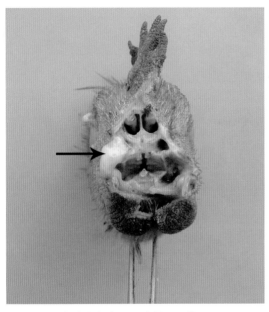

图 2-27　鼻腔内有大量干酪样分泌物

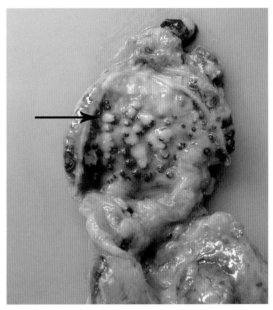

图 2-28　腺胃乳头有脓性分泌物流出

图 2-29　气管黏膜出血严重

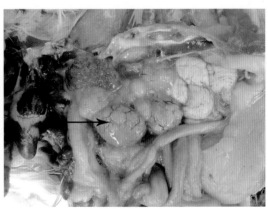

图 2-30　卵巢上的卵泡变形萎缩

鸡传染性喉气管炎、鸡败血支原体病和高致病性禽流感进行鉴别诊断。

（2）聚合酶链反应试验

取肝脏、肺脏、脾脏等病料采用 H_9 亚型禽流感引物进行聚合酶链反应试验诊断。

（3）病毒分离

要求在三级实验室内进行。具体操作方法同鸡新城疫病毒的分离。

6. 防控措施

（1）加强饲养管理

鉴于此病多在冬、春寒冷季节发生，所以在寒冷季节要做好舍内的保温工作，避免鸡群发生感冒。在管理上要做好常规消毒工作，特别注意做好周转蛋筐、蛋托的消毒和其他生物安全措施。不同鸡场的工作人员不要相互走访。发病鸡群的鸡粪及废弃物要用火焚烧或采用其他无害化处理措施。

（2）免疫接种

目前国家批准生产使用的 H_9 亚型禽流感疫苗主要有 2 类：一类是 H_9 亚型禽流感与其他疫病的联苗，另一类是单一的 H_9 亚型禽流感灭活疫苗，但存在不同的毒株。具体免疫程序为：18 日龄时首免采用鸡新城疫、传染性支气管炎、H_9 亚型禽流感三联灭活疫苗肌注 0.3~0.5 毫升，或 30 日龄时首免 H_9 亚型禽流感灭活疫苗 0.5~0.6 毫升；120 日龄再次免疫 H_9 亚型禽流感灭活疫苗或 H_9 亚型禽流感与其他疫病的多联灭活疫苗 0.7 毫升；250 日龄左右要根据抗体效价水平，决定是否再次加强免疫。

（3）处理

H_9 亚型禽流感属于低致性禽流感，发病时没有必要进行全场扑杀，但是要按照家禽传染病处理原则进行消毒隔离，同时对病死鸡进行无害化处理。发病鸡群可采用中药（如荆防败毒散、黄连解毒散、清瘟败毒散）进行防治。个别病鸡可肌内注射安乃近注射液和阿莫西林粉针，有一定治疗效果。此外，对受威胁的鸡群要及时免疫 H_9 亚型禽流感灭活疫苗。

（四）鸡传染性法氏囊病

鸡传染性法氏囊病是由鸡传染性法氏囊病毒引起鸡的一种急性、高度接触性传染病，以"一过性"尖峰式死亡、胸肌和腿肌出血、法氏囊出血为特征。

1. 病原

传染性法氏囊病毒属于双股 RNA 病毒科双股 RNA 病毒属，无囊膜，大小约 60 纳米。该病有两个血清型，血清 I 型中又分 6 个亚型，亚型之间交叉保护较低。根据毒力强弱可将病毒分为弱毒（弱毒、中等毒、中等偏强毒）、强毒及超强毒株。目前我国流行的毒株多为超强毒株。该病毒在外界环境的抵抗力较强，同时耐酸、耐热，对一般消毒剂也有抵抗力。较好的消毒剂为甲醛、碘制剂及氯制剂。

2. 流行病学

在易感动物中只有鸡发病。易感日龄为 3~7 周龄，其中以 4 周龄左右最易感，有时也可见 2 周龄以内或 7 周龄以上鸡发病。此病一年四季均可发生，但以 6~7 月份发病较多。此病的传播方式以直接接触传染为主，也可通过中间媒介间接传染。

3. 临床症状

此病的潜伏期很短（3~5 天），主要表现为病鸡精神委顿、嗜睡，翅膀下垂，羽毛松乱（图 2-31），怕冷扎堆，采食和饮水减少或废绝，拉米汤样或黄白色稀粪（图 2-32），肛门羽毛有白色沾污物。发病率高达 80%，呈现"一过性"尖峰式死亡，即发病后 3~4 天为死亡高峰，经 5~7 天后死亡逐渐减少。总死亡率平均 20%~30%，有时可高达 70% 以上。

4. 病理变化

病死鸡全身脱水明显，胸肌、腿肌和翼部肌肉出现大小不一、数量不等的条状出血（图 2-33、图 2-34），腺胃和肌胃交界处有出血斑（图 2-35），脾脏略肿大、表面有小坏死灶，肾脏肿大、输卵管有白色尿酸盐沉积。法氏囊肿大 2~3 倍，呈灰白色或紫红色，

图 2-31　翅膀下垂，羽毛松乱

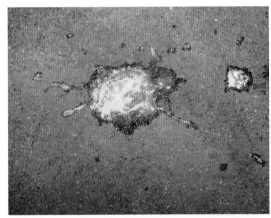

图 2-32　拉黄白色稀粪

图 2-33　胸肌条状出血

图 2-34　腿肌条状出血

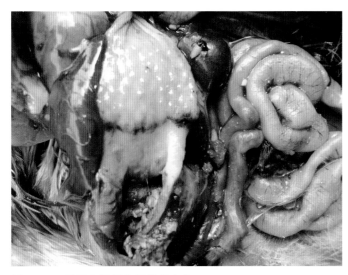

图 2-35　腺胃和肌胃交界处出血斑

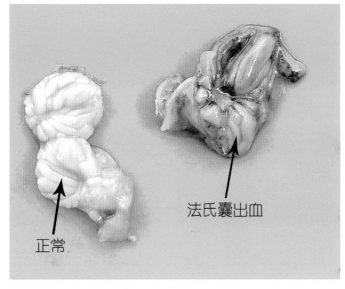

图 2-36　法氏囊肿大出血

外被黄色透明的胶冻物，切开囊腔可见黏膜皱褶有出血点或出血斑（图 2-36），囊腔中有纤维素样或干酪样分泌物。其中，肌肉出血和法氏囊肿大出血为特征性病理变化。小日龄雏鸡感染传染性法氏囊病毒后，临床症状不明显，可见法氏囊萎缩，造成终身免疫抑制。

5. 诊断

（1）临床诊断

从发病日龄、"一过性"死亡规律，以及特征性的病理变化可作出初步诊断。在临床上肌肉出血要与鸡住白细胞虫病、某些药物中毒等疾病进行鉴别诊断；肾脏肿大和输尿管尿酸盐沉积要与鸡传染性支气管炎（肾型）、鸡痛风和某些药物中毒进行鉴别诊断；腺胃与肌胃交界处出血要与鸡新城疫、心包积液综合征进行鉴别诊断。

（2）化验诊断

包括病毒分离鉴定、琼脂扩散试验、病毒中和试验和聚合酶链反应试验等诊断方法。

6. 防控措施

（1）疫苗免疫

鸡传染性法氏囊病的疫苗有两大类：活疫苗和灭活疫苗。一般来说，种鸡要进行 3 次的疫苗免疫，即 11 日龄首免采用活疫苗进行滴嘴或饮水免疫；20 日龄二免采用活疫苗进行饮水加强免疫；开产前一周采用灭活疫苗进行肌内注射。而肉鸡、商品蛋鸡的免疫有两种方案，一种是于 11 日龄和 20 日龄做 2 次的活疫苗免疫即可，另一种是在 15 日龄左右免疫一次传染性法氏囊病灭活疫苗。

（2）治疗

当鸡群感染鸡传染性法氏囊病后，应采取如下几个方面的处理措施：第一，肌内注射鸡传染性法氏囊病的抗血清或高免卵黄抗体 2~3 毫升，具有很好的治疗效果，一般注射后第二天即可明显地减少或停止死亡。第二，采用黄芪多糖溶液或扶正解毒散饮水或拌料治疗，连续用药 3~5 天，有一定的治疗效果。第三，防止继发感染和对症治疗，即用广谱抗生素防止大肠杆菌、沙门菌的继发感染；采用通肾保肝药物，缓解肾肿大，可减少鸡群死亡。

（五）鸡传染性支气管炎

鸡传染性支气管炎是由传染性支气管炎病毒引起鸡的一种急性、高度接触性呼吸道传染病。目前已发现的血清型至少有 29 种，不同血清型的致病性及表现病症也有一定的差异。

1. 病原

鸡传染性支气管炎病毒属于冠状病毒科冠状病毒属。病毒呈球形，大小为 90~120 纳米，有囊膜，囊膜上有许多棒状纤突蛋白，属单链 RNA。该病毒血清型众多，到目前为止，至少有 29 种血清型，常见的有 QX、4/91、Mass、Gray 等，存在较大的变异性，并且还不断分离到许多新的毒株。不同血清型间存在一定的交叉保护，但不完全，这给鸡传染性支气管炎诊断和防控带来很大困难。该病毒对温度敏感，在 56℃条件下 15 分钟就灭活，对一般消毒剂敏感。

2. 流行病学

各种日龄的鸡均可发病，以雏鸡表现最为严重，有时中大鸡和产蛋鸡也可发病。此病一年四季均可发生，以冬春季节多发。鸡群拥挤、通风不良、营养缺乏等因素也会促使此病的发生。传播途径主要以呼吸道传染为主，有时也经消化道感染。

3. 临床症状

在临床上，鸡传染性支气管炎的表现型有呼吸道型、肾型、腺胃型和生殖道型等多种。

（1）呼吸道型

常见于 40 日龄以内的小鸡。鸡群多为突然发病，出现明显的呼吸道症状，并迅速波及全群。主要表现：张口呼吸（图 2-37），咳嗽，有啰音，食欲逐渐减少，羽毛松乱，怕冷，常打堆。有时还可见到流泪、流浆液性鼻液等感冒临床症状。发病率达 30%~35%，死亡率达 20%~25%。

（2）肾型

多见于 20~40 日龄小鸡。主要临床症状是排白色粪便，肛门口周围常附着白色污物，食欲减退，精神沉郁，鸡冠苍白，脱水严重。发病率达 30% 左右，死亡率也可达 30%。

（3）腺胃型

多见于 30~85 日龄。病程较长，可持续 25~30 天，病鸡消瘦（特别是胸骨突出明显）（图 2-38），有轻微呼吸道症状，拉黄白色稀粪。发病率 50%~70%，死亡率可高达 50%。

图 2-37　病鸡张口呼吸

图 2-38　胸骨突出明显

图 2-39　病鸡腹部下垂

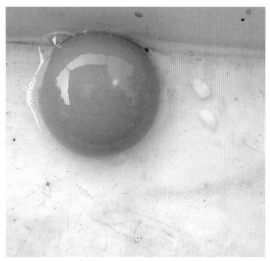

图 2-40　蛋清稀薄

（4）生殖道型

主要见于产蛋鸡和种鸡。表现为病鸡精神委顿，腹部下垂（图 2-39），产蛋率下降25%~50%，同时产软壳蛋、畸形蛋、粗壳蛋较多，蛋清稀薄（图 2-40），易与蛋黄分离。有些病鸡产蛋率不容易上升到正常高峰期。种鸡感染此病后，受精率明显下降，死雏数明显增加。

4.病理变化

（1）呼吸道型

鼻腔内有黏稠分泌物，气管出血，气管和支气管内有黏液或黄白色干酪样阻塞物（图2-41），肺脏水肿或出血。

（2）肾型

肾脏肿大、苍白，肾小管和输尿管充满尿酸盐结晶而形成"花斑肾"（图 2-42），严重时在心包和腹腔脏器表面有白色尿酸盐沉着。全身皮肤和肌肉发绀，肌肉脱水。

（3）腺胃型

腺胃肿大 2~4 倍（如球状）（图 2-43），腺胃壁增厚，切开腺胃可见乳头水肿、出血或溃疡（图 2-44、图 2-45）。气管和支气管出现卡他性炎症。病鸡极度消瘦，肌肉脱水，法氏囊萎缩。

（4）生殖道型

蛋鸡腹腔积水（图 2-46），卵巢基本正常或出现少量卵泡变性。腹腔中集有大量成熟卵泡（图 2-47），输卵管壶部萎缩，输卵管下段炎症并出现积液现象，还形成积水囊（图 2-48），严重时积液可充满整个腹腔。

5. 诊断

（1）临床诊断

根据鸡传染性支气管炎不同类型的特征性临床症状、病理变化可作出初步诊断。在临床上此病要注意与鸡新城疫、鸡传染性喉气管炎、鸡传染性鼻炎、鸡传染性法氏囊病、鸡减蛋综合征、鸡马立克病（内脏型）、鸡肌腺胃炎，以及鸡网状内皮组织增生症等相区别。

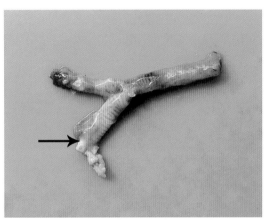

图 2-41　支气管有干酪样阻塞物

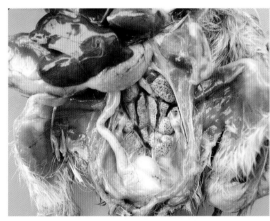

图 2-42　肾脏肿大并形成"花斑肾"

图 2-43　腺胃肿大如球状、胃壁增厚

图 2-44　腺胃乳头水肿

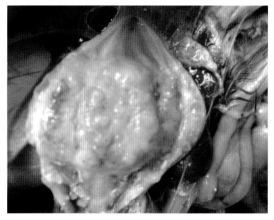

图 2-45 腺胃乳头出血和溃疡

图 2-46 腹腔积水

图 2-47 腹腔集有大量成熟卵泡

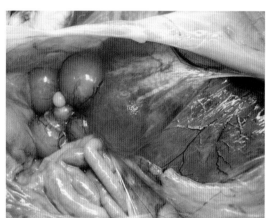

图 2-48 输卵管积液

（2）化验诊断

取病料进行鸡胚的病毒培养和鉴定；也可用琼脂扩散试验、血凝抑制试验，以及采用不同血清型的引物进行聚合酶链反应试验来诊断。

6.防控措施

（1）加强饲养管理

控制好鸡群密度，注意鸡舍内外环境的变化，在做好保温的同时还要做好通风工作（特别是冬天），防止氨气等有害气体对呼吸道的刺激。此外，要做好鸡场的生物安全措施，全面搭配饲料的营养水平，防止维生素 A 缺乏，这对预防此病有重要意义。

（2）疫苗预防

预防鸡传染性支气管的疫苗有活疫苗（H_{120}、H_{52}，以及 28/86 株、4/91 株、Mass 株等）和灭活疫苗两大类。一般的免疫程序是 3~7 日龄用 H_{120} 等单价或多价活疫苗滴鼻或喷雾首免；30~60 日龄再用 H_{52} 活疫苗饮水进行二免，饲养周期长的肉鸡、种鸡和蛋鸡在 18 日龄和开产之前再用灭活疫苗各肌内注射 1 次。对于血清型比较确定的鸡场，采用相应血清型的活疫苗或灭活疫苗进行免疫，效果更好。

（3）治疗

目前尚未有特效的药物治疗此病。在改善饲养管理条件的基础上，可使用一些抗病毒中药进行治疗，同时对一些并发症进行对症治疗，若有呼吸道症状可使用红霉素或酒石酸泰乐菌素控制呼吸道的继发感染。对于肾型传染性支气管炎，除了降低饲料中蛋白质含量外，还可用一些通肾护肝脏药物进行饮水治疗，有一定效果。对于腺胃型传染性支气管炎，主要采取隔离、淘汰和消毒等措施进行处理，有时采用一些中药治疗也有一定效果。对生殖型传染性支气管炎以淘汰为主，没有治疗价值。

（六）鸡传染性喉气管炎

鸡传染性喉气管炎是由传染性喉气管炎病毒引起鸡的一种急性接触性传染病，以呼吸困难、咳嗽、常咳出带血分泌物为特征。

1. 病原

传染性喉气管炎病毒属于疱疹病毒科 A 型疱疹病毒属，为双链 DNA 病毒，大小为100~400 纳米，有囊膜，囊膜上有纤突。该病毒只有一个血清型，不同毒株的毒力差异大。病毒对氯仿或乙醚敏感，对高温敏感，但在低温条件下可长期存活。

2. 流行病学

此病主要发生于鸡。各种日龄的鸡均可感染，以 40 日龄以上鸡多见。一年四季均可发生，但以冬春寒冷季节多见。此病在同群鸡中传播速度快，但群间传播速度较慢。此病的发病率高，但死亡率相对较低。病鸡和康复鸡是此病的主要传染源，康复鸡可长期排毒。传播途径以呼吸道为主，也可以消化道感染。饲养管理不良及生物安全措施不到位是此病发生的主要原因。

3. 临床症状

在临床上，此病有两种表现型，即喉气管型和结膜型。

（1）喉气管型

主要表现呼吸困难（抬头伸颈、张口呼吸）（图 2-49），打喷嚏，咳嗽，并咳出血痰，在墙壁、鸡笼上时常可见到血迹，有时发出尖叫声或鸣笛声，有时可见甩头现象。食欲减退，鸡冠变紫，精神沉郁，严重时可因为喉头渗出物阻塞造成病

图 2-49　抬头伸颈，张口呼吸

鸡突然窒息死亡。产蛋鸡发病时，除了有呼吸道症状外，还会出现产蛋率下降、畸形蛋增加现象。此病的发病率可达 50%~100%，死亡率 5%~20%，平均为 13% 左右，死亡率高低与饲养管理条件和用药情况关系较大。此病的病程可持续 2~3 周，后期会继发大肠杆菌病。在雏鸡发病时，临床症状不典型。

（2）结膜型

由低致病性毒株引起，主要表现眼结膜红肿、流泪、鼻液增多等临床症状，个别有肿睑或肿眼表现。眼分泌物从浆液性到脓性，严重时可导致眼盲。

4. 病理变化

（1）喉气管型

主要病理变化在喉头和气管。喉头有黄色阻塞物（图 2-50、图 2-51），切开喉头可见喉头和气管表面有一层带血的黄白色干酪样物（图 2-52），拨开黄白色阻塞物可见气管黏膜出血严重（图 2-53）；有时可见支气管黏膜也有出血，产蛋鸡可见部分卵巢变性（图 2-54）。

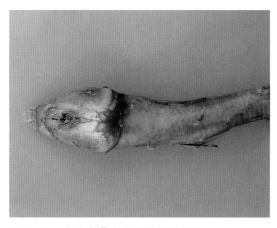

图 2-50　喉头有黄白色干酪样阻塞物

图 2-51　喉头有黄色阻塞物

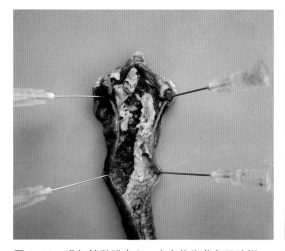

图 2-52　喉气管黏膜出血，内容物为黄色干酪样

图 2-53　气管黏膜出血明显

（2）结膜型

主要表现浆液性结膜炎，有时眶下窦肿大并充满白色干酪样物，眼眶出现水肿。

5.诊断

（1）临床诊断

根据病鸡出现张口呼吸、咳嗽并咳出带血黏液，以及特征性的喉头病变可作出初步诊断。在临床上，需注意与 H_9 亚型禽流感鉴别诊断。

（2）化验诊断

图 2-54　卵巢变性

取发病早期病鸡气管进行病理切片，在气管细胞核内查到包涵体即可确诊。也可进行鸡胚的病毒分离，经 3~4 天培养后可在尿囊膜上形成痘斑，并取尿囊液进一步做病毒鉴定（如中和试验）而诊断。此外，目前多采用聚合酶链反应试验进行诊断。该方法敏感，诊断准确，得到广泛推广应用。

6.防控措施

（1）预防

第一，加强饲养管理，做好鸡场生物安全措施。坚持严格的消毒、隔离制度，禁止易感鸡与病愈鸡或来历不明鸡接触。第二，疫苗接种。在此病流行的地区可选择使用疫苗免疫。目前使用的疫苗有鸡痘与传染性喉气管炎二联活疫苗、鸡传染性喉气管炎灭活疫苗和鸡传染性喉气管炎活疫苗 3 种，其中鸡传染性喉气管炎活疫苗效果较好。活疫苗可安排在 35 日龄左右进行点眼或涂肛免疫，对蛋鸡或种鸡可于 3~4 月龄时再免疫一次；鸡痘、传染性喉气管炎二联活疫苗可安排在 15~20 日龄刺种免疫。

（2）发病时处理措施

此病发生后，鸡群首选传染性喉气管炎活疫苗紧急免疫，对周围受威胁的假定健康鸡群也要及时采用此病的活疫苗紧急免疫接种。此外还要加强饲养管理、做好环境消毒工作。此病无特效的治疗药物，但使用一些抗病毒中药与对症药物可降低发病率和死亡率，如氯化铵、红霉素和一些平喘止咳药（如麻黄碱等）。

（七）鸡减蛋综合征

鸡减蛋综合征是由禽腺病毒引起蛋鸡或种鸡产蛋率下降的一种传染病。此病以产蛋率急剧下降，产白壳蛋、软壳蛋为特征。

1. 病原

鸡减蛋综合征的病原是腺病毒科禽腺病毒属中Ⅲ群禽腺病毒。该病毒只有一个血清型，但可分3个基因型，无囊膜，双链DNA，病毒大小约80纳米。病毒抵抗力强，对乙醚、氯仿不敏感，在室温条件下会存活6个月，加热60℃30分钟被灭活。病毒能凝集鸡、鸭、火鸡、鹅、鸽和孔雀的红细胞，并能被特异抗血清所抑制。

2. 流行病学

易感动物主要是鸡。幼鸡不表现临床症状，20~35周龄的产蛋鸡均能感染，但以产蛋前期的2~3个月多见。此病可经过种蛋垂直传播，也可在鸡群间水平传播，无明显季节性。此病的发生与饲养管理不良有很大关系，不同品系对此病毒易感性存在差异，产褐壳蛋鸡易感性高。近年来，随着相关疫苗在鸡场的广泛使用，此病的发病率逐步下降，发病程度也日趋减轻。

图 2-55　产软壳蛋

图 2-56　蛋壳褪白，产软壳蛋

3. 临床症状

鸡群采食量基本正常，但产蛋率突然下降，每天可下降2%~4%，连续2~3周，总体下降幅度达30%~50%，之后产蛋率又逐渐恢复，但是很难恢复到正常高峰期。每天5%~20%的鸡蛋出现蛋壳褪白、产软壳蛋（图2-55、图2-56），甚至出现无壳蛋，薄蛋壳的一端通常很粗糙。鸡群无死亡现象，粪便也无明显变化。

4. 病理变化

蛋鸡无明显的肉眼病理变化，剖检有时可见输卵管及子宫黏膜肥厚，腔内可见白色渗出物或干酪样物；有时也会出现卵泡变性现象。

5. 诊断

（1）临床诊断

从鸡群吃料正常，产蛋率急剧下降，病鸡产白壳蛋、薄壳蛋和无壳蛋等临床症状基本可作出初步诊断。导致鸡群产蛋率下降的传染病有鸡减蛋综合征、H₉亚型禽流感、鸡滑液囊支原体病、鸡传染性支气管炎、非典型鸡新城疫、鸡传染性喉气管炎、鸡脑脊髓炎等。此外，饲养管理不良也常出现减蛋和蛋壳质量变化，需进行区别诊断。

（2）化验诊断

一方面取病料（直肠内容物和输卵管）经过处理后接种到鸡胚成纤维细胞，进行病毒分离和鉴定；另一方面可抽取不同发病时期鸡血清进行血凝抑制试验，检查鸡减蛋综合征抗体变化，若抗体水平变化明显，也可说明该鸡群感染此病。此外，现在广泛采用聚合酶链反应试验进行诊断。

6. 防控措施

（1）疫苗预防

预防此病主要靠接种疫苗。目前使用的疫苗有鸡减蛋综合征（EDS-76）灭活疫苗、鸡新城疫－减蛋综合征二联灭活疫苗、鸡新城疫－传染性支气管炎－减蛋综合征三联灭活疫苗、鸡新城疫－传染性支气管炎－减蛋综合征－H₉亚型禽流感四联灭活疫苗等。不管哪一种疫苗，在蛋鸡开产前肌内注射0.5~1毫升有较好的免疫保护作用。同时，在饲养过程中要加强饲养管理，减少各种不良环境应激，也会减少此病的发生。

（2）发病时处理措施

对于确诊是鸡减蛋综合征造成的减蛋，目前尚未有特效的治疗药物。在饲料中适当地增加多种维生素、氨基酸等营养物质，有助于鸡群产蛋率的早日恢复。

（八）鸡痘

鸡痘是由鸡痘病毒引起鸡的一种接触性传染病。此病的特点是在鸡身体无毛或少毛的皮肤上长痘疹，或在鸡口腔、咽喉黏膜上形成纤维素性坏死性假膜。

1. 病原

此病的病原为痘病毒科禽痘病毒属的鸡痘病毒。该病毒是双链DNA病毒，有囊膜，呈砖形，大小为250纳米×354纳米，在皮肤病变细胞的胞浆内可形成圆形的包涵体。该病毒对干燥有抵抗力，在脱落痂皮中病毒可存活几个月，一般消毒药在常用浓度下可使其灭活。鸡痘病毒与其他禽类病毒存在一定的交叉保护作用。

2. 流行病学

各种日龄的鸡均能感染，对火鸡、鸽等禽类也可感染，一年四季均能发生，但以夏秋季节、蚊虫较多的时候多发。传染源是病鸡及散落的痘痂。感染途径主要是经过破损皮肤（蚊虫叮咬）或上呼吸道黏膜感染，不会经健康皮肤和消化道感染。鸡群过分拥挤及营养不良会加重病情。

3. 临床症状

根据鸡发病部位和病理变化，可将鸡痘分为 3 种类型，即皮肤型、黏膜型和混合型。

（1）皮肤型

在身体无毛或少毛的部位皮肤（如鸡冠、肉髯、眼睑、喙角、泄殖腔周围、翼下、腹下及腿部、鸡爪等）形成一种灰白色或黄白色水疱样小结节（图 2-57、图 2-58、图 2-59），小结节干燥后形成痂皮，数个痂皮可融合形成突出皮肤的痘。剥去痂皮可露出出血病灶。3~4 周后，痂皮可自行脱落形成疤痕。有时痂皮会感染细菌形成化脓灶，有时可导致眼睛化脓或瞎眼（图 2-60）。雏鸡感染鸡痘，往往会影响病鸡眼睛视力和采食，导致消瘦，甚至死亡。大鸡感染鸡痘会影响酮体品质，但对采食、生长则无大的影响。

图 2-57 鸡冠皮肤长痘

图 2-58 脚部皮肤长痘

图 2-59 鸡爪长小结节

图 2-60 眼睛化脓或肿胀

图 2-61　鸡口腔黏膜上形成纤维素性假膜

图 2-62　口腔黏膜出现黄白色结节

（2）黏膜型

主要发生在口腔和咽喉部。首先在黏膜上形成黄色小点，而后这些小点逐渐融合形成黄白色纤维素性假膜覆盖于黏膜表面（图 2-61、图 2-62）。随着病情发展，往往会影响病鸡的正常采食和呼吸，表现为采食量不同程度地下降，鸡消瘦，甚至死亡。有时假膜会阻塞喉头或喉气管黏膜上出现痘疹，导致鸡窒息死亡（即喉痘）。发病率50%~80%，死亡率高达 5%~50%。

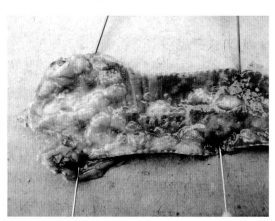

图 2-63　喉头、气管内长痘

（3）混合型

病鸡同时兼有皮肤型和黏膜型病理变化，病情会比较严重些。

4. 病理变化

除了皮肤和黏膜病理变化外，内脏一般无明显的肉眼病理变化。黏膜型鸡痘，局部病理变化会扩大到喉头、气管（图 2-63）、支气管、食道和肠道。

5. 诊断

（1）临床诊断

典型的鸡痘病例通过观察皮肤和黏膜病理变化即可作出初步诊断。在临床上需与鸡大肠杆菌眼炎、奇棒恙螨病鉴别诊断。

（2）病毒分离

取病鸡病理变化组织或痂皮做成 1 ∶ 5 悬液接种鸡胚，5~7 天后可见鸡胚绒毛尿囊膜上出现痘斑；接种到 SPF（无特定病原）鸡后，皮肤也出现典型的皮肤痘疹。

（3）聚合酶链反应试验

取病鸡病理变化组织或痂皮进行聚合酶链反应试验进行诊断。

6. 防控措施

（1）预防

鸡痘的预防除了加强鸡舍的卫生管理、定期消灭鸡舍内外的蚊虫外，最重要的是接种疫苗。目前使用的疫苗有鸡痘活疫苗和鸡痘、传染性喉气管炎二联活疫苗。具体做法是：鸡痘活疫苗用生理盐水稀释后，对 14 日龄以上鸡的翅内侧无血管处皮下刺种 1~2 针，也可用生理盐水稀释后进行皮下注射 0.1~0.2 毫升。刺种或注射 3~4 天后，局部皮肤逐渐会出现红肿、水泡及结痂。若无这些局部变化要补种疫苗。

（2）处理

对于刚刚发病或仅仅出现个别鸡长鸡痘，可以对全群鸡进行紧急免疫。对于全群大部分鸡已发病，可根据不同的临床症状，采取不同的处理措施：第一，以皮肤型为主的病例，全群口服抗病毒药物；对个别病鸡皮肤上的痘痂，采用镊子小心剥离，局部伤口用甲紫或碘甘油等涂抹。第二，以黏膜型为主的病例，采用镊子剥掉口腔黏膜上的假膜，用 1% 高锰酸钾冲洗后，再涂以碘甘油。此外，也可对全群病鸡肌内注射禽干扰素，4~5 天后鸡群可逐渐恢复正常。

（九）鸡马立克病

鸡马立克病是由疱疹病毒引起鸡的一种淋巴组织增生性疾病。以病鸡的外周神经、性腺、虹膜、各种内脏器官和皮肤出现单核细胞浸润，形成淋巴性肿瘤为特征。

1. 病原

鸡马立克病毒是疱疹病毒科中的 Ⅱ 群疱疹病毒。病毒在鸡体内以两种形式存在：一种是无囊膜的裸露病毒，大小为 85~100 纳米，主要存在于淋巴器官（法氏囊、胸腺、脾脏）和多种上皮组织的有关细胞内；另一种是有囊膜成熟的完整病毒粒子，大小为 273~400 纳米，主要存在于皮肤羽毛囊上皮细胞中，可以脱离细胞而存在，并有很强的感染力。病毒有 3 个血清型：血清 Ⅰ 型（包括弱毒株、中等致病株、高致病力株及超强毒株）；血清 Ⅱ 型（非致瘤疱疹病毒株）；血清 Ⅲ 型（火鸡疱疹病毒 HVT）。近年来，随着环境污染的加剧及疫苗的广泛应用，马立克病毒向毒力增强方向演化，出现许多超强毒株。病毒对各种理化因素的抵抗力都比较强，但常用的消毒剂及温热（60℃以上）可在 10 分钟内使其灭活。

2. 流行病学

此病主要发生于鸡，各种品种、各日龄鸡均易感。不同品种鸡易感性有所不同，一些品种（如乌骨鸡）对此病高度敏感，也有一些品种（如火鸡）对此病有较强的抵抗力。日龄越小，易感性越高，其中 1 日龄雏鸡最易感。此病潜伏期较长，可达 1~2 个月，所以在临床上多见 50~140 日龄的鸡发病，150 日龄以后逐渐减少。传播途径主要通过与病鸡或受污染的场所接触后，经呼吸道感染。病毒一旦侵入易感鸡群，感染率几乎可达

100%，但发病率和死亡率差异很大（10%~90%）。

3. 临床症状

根据所发生的部位不同，此病可分为内脏型、神经型、眼型和皮肤型等4种表现类型，其中以内脏型最为常见。

（1）内脏型

精神萎靡，羽毛松乱（图2-64），食欲减少，明显的消瘦，鸡冠苍白，下痢，排绿色大便，常并发球虫病或慢性呼吸道疾病。鸡群通常从50日龄开始发病和死亡，随着日龄增加死亡率也逐渐增加，到100日龄时达到高峰，以后死亡率逐渐减少。

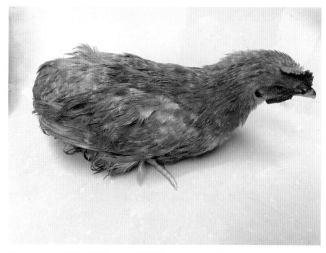

图 2-64　精神萎靡，羽毛松乱

（2）神经型

病鸡出现一条腿向前伸，另一腿向后伸的"劈叉腿"姿势（图2-65）；有的病鸡表现翅膀无力下垂；有的鸡颈部斜向一侧。病鸡出现症状后几天死亡，同时鸡群发育不良，大小差异大。

（3）眼型

一侧或两侧眼睛对光反应迟钝，重者失明，眼球呈灰白色，又称白眼病或灰眼病，瞳孔边缘不整齐呈锯齿，因此采食困难而衰竭死亡。

图 2-65　病鸡出现劈叉腿姿势

（4）皮肤型

体表毛囊腔形成结节或小的肿瘤状物（图2-66），并突出皮肤呈灰黄色，有出现弥漫性或大小不等的肿瘤，这些瘤状物有时会破溃。以颈部、翅膀、大腿外侧皮肤多见。

图 2-66　体表毛囊形成结节

4. 病理变化

（1）内脏型

肝脏肿大1~3倍,质地变硬,肝脏表面可见粟粒大至黄豆大的灰白色肿瘤结节(图2-67、图2-68)；脾脏肿大1~5倍（图2-69）；腺胃肿大,腺胃壁增厚,切开后可见腺胃黏膜或乳头出血、溃烂。鸡体消瘦,胸骨突出明显。有时在心脏（图2-70）、卵巢、肺脏、肾脏等器官也可见到肿瘤结节,有的结节呈油脂状。法氏囊和胸腺萎缩。若并发球虫或慢性呼吸道疾病还可见到肠出血、心包炎等病变。

（2）神经型

一侧坐骨神经肿大、水肿（图2-71）,其银白色纹理消失,神经周围的组织也会出现水肿现象。

（3）眼型

眼角膜混浊,瞳孔边缘不整齐,肛膜增生褐色,瞳孔收缩变小。

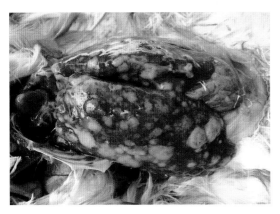

图2-67　肝脏肿大并出现肿瘤结节

图2-68　肝脏表面可见粟粒大小的白色结节

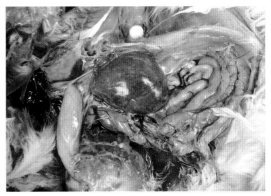

图2-69　脾脏肿大

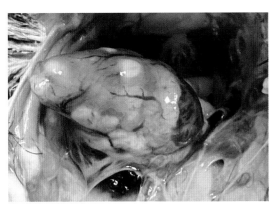

图2-70　心脏可见肿瘤结节

图2-71　一侧坐骨神经肿大、水肿

（4）皮肤型

皮肤毛囊腔出现肿瘤结节，呈单独的或融合的黄白色隆起，严重时呈疥癣样。

5. 诊断

（1）临床诊断

根据流行病学、临床症状及特征性病变可作出初步诊断。在临床上，此病要与鸡白血病、鸡腺胃型传染性支气管炎、鸡网状内皮组织增生及鸡肌腺胃炎等进行鉴别诊断。

（2）化学诊断

包括病毒分离和血清学诊断等方法，其中血清学诊断以琼脂扩散试验使用最广泛。此外，聚合酶链反应试验在马立克病的诊断上也得到广泛应用。

6. 防控措施

（1）预防

建立鸡场有效的生物安全体系。首先，要加强种禽场孵化室的卫生消毒和早期隔离工作，防止和控制病毒的早期感染。其次，雏鸡要与种鸡、育成鸡分开饲养，防止病毒交叉感染。

（2）疫苗免疫

雏鸡出壳后第一天就免疫接种鸡马立克病活疫苗。目前我国使用的鸡马立克病活疫苗有液氮苗和冻干苗，其中常见的液氮苗有 CVI988 单苗和 CVI988+HVT 二价苗等；冻干苗为火鸡疱疹病毒活疫苗（HVT-FC126）。冻干苗使用方便、易保存，能一定程度上防止肿瘤形成，但不能预防超强毒感染，也易受到母源抗体的干扰而造成免疫失败，在生产中多用于 70 日龄内出栏的肉鸡。液氮苗可以预防超强毒株的感染，受母源抗体干扰也小，一般在接种后 5~6 天即可产生免疫保护作用，多用于种鸡场和蛋鸡场，以及出栏时间超过 3 个月的肉鸡，但液氮苗对保存条件要求高。

（3）处理措施

目前此病尚无有效的药物治疗方案。对种鸡场应严格做好检疫检验工作，发现病鸡坚决淘汰，切断传染源并做好环境消毒工作。在肉鸡场出现的病例以淘汰为主。

（十）鸡白血病

鸡白血病是由禽白血病增生病毒引起的一种会导致鸡产生良性和恶性肿瘤病理变化的慢性传染病。目前，禽白血病有 10 多个血清型，在临床上常见的有内脏型和血管瘤型（J 型）2 种病症。

1. 病原

禽白血病病原为反转录病毒科禽 C 型反转录病毒群。该病毒粒子近似球形，大小为 80~145 纳米，由外部的囊膜和内部的核心构成，为单链 RNA，病毒粒子核心的囊膜和内部的核心构成单链 RNA。病毒粒子核心至少含有 4 种结构蛋白（P_{27}、P_{19}、P_{15}、P_{12}），它们构成该病毒的特异性抗原。根据囊膜糖蛋白的不同特性，鸡群中引起肿瘤的禽白血病病毒可分为 A、B、C、D、E 和 J 亚群。该病毒抵抗力不强，乙醚及脂溶性消毒剂能破坏其感染性。该病毒对温度敏感。

2. 流行病学

此病只感染鸡，年龄越小易感性越强，但由于潜伏期较长，自然感染病例多见于 14~30 周龄。近年来，此病的发病日龄有扩大化趋势，即早在 8 周龄或迟至 40 周龄均有病例出现。此病的传染源是病鸡和隐性带毒鸡。传播途径可经种蛋垂直传播，也可通过与病鸡、带毒鸡直接或间接接触而发生水平传播，但以垂直传播为主。此外，鸡群饲养管理不良、不良环境应激、维生素缺乏会增加发病率。

3. 临床症状

（1）内脏型

病鸡精神萎靡，鸡冠和肉髯呈苍白或发绀，吃料减少。病鸡体况衰弱并表现进行性消瘦（图 2-72），羽毛松乱，时常排出黄绿色稀粪。病鸡腹部肿大，用手可触及内脏的肿瘤块。产蛋母鸡停止产蛋，最后衰竭死亡。此病的隐性感染率较高，发病率达 10%~50%，死亡率达 5%~20%。鸡群死淘率比较高。

（2）血管瘤型

病鸡精神沉郁，食欲减少，鸡冠苍白，消瘦，拉黄绿色稀粪，产蛋率下降。在脚趾及胸部、翅膀等处可见突出皮肤的血疱（图 2-73、图 2-74）。有时病鸡的血疱被啄破后会出现流血不止而死亡

图 2-72　进行性消瘦

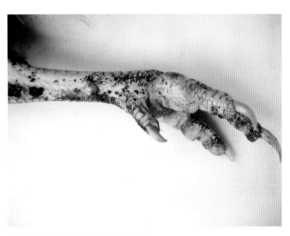

图 2-73　脚部皮肤长血疱

图 2-74　胸部皮肤出现血疱

（图2-75）；有时病鸡出现内脏出血而猝死。发病率5%~20%，死亡率达5%~10%。

4. 病理变化

（1）内脏型

病死鸡消瘦、胸骨突出。剖检可见病死鸡的内脏器官如肝脏、脾脏、法氏囊、肾脏等常形成肿瘤结节（图2-76至图2-80），有时其他器官如肺脏、性腺、心脏、骨髓、卵巢、腺胃、肠系膜等也可能出现肿瘤结节（图2-81至图2-84）。肿瘤形状多呈结节状、粟粒状或弥散性生长。病理切片观察，可见肿瘤组织主要由B淋巴细胞组成。

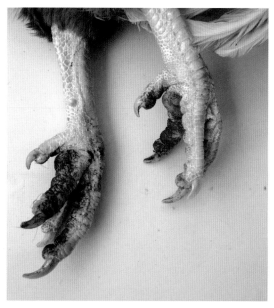

图2-75 脚血疱破溃后流血不止而死亡

图2-76 肝脏形成肿瘤

图2-77 脾脏形成肿瘤

图2-78 肾脏出现肿瘤结节

图2-79 肾脏出现大的肿瘤结节

（2）血管瘤型

病死鸡消瘦，在脚趾和胸部、翅膀皮下可见一些血疱（图2-85），有时小血疱破溃。剖检内脏，可见肝脏表面浆膜层下有出血块，肠系膜也可见出血疱（图2-86），有时在

图2-80　肾脏形成肿瘤

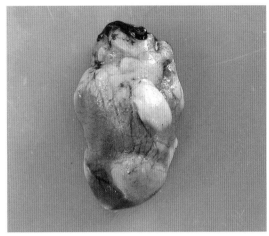

图2-81　心脏形成肿瘤

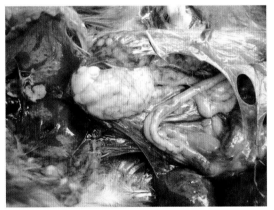

图2-82　卵巢形成肿瘤

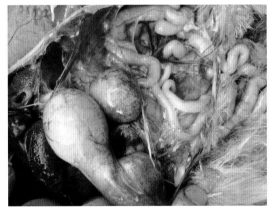

图2-83　腺胃出现肿大

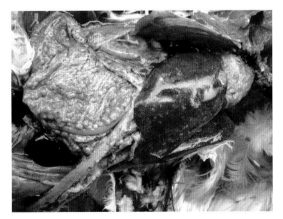

图2-84　肠系膜弥漫性肿瘤

图2-85　胸部肌肉长血疱

内脏器官还可见到弥漫性肿瘤结节。卵巢上的卵泡变性，输卵管发育不良。

5. 诊断

（1）临床诊断

在临床上此病要与鸡马立克病、鸡网状内皮组织增生症进行鉴别诊断。

（2）化验诊断

需进行禽白血病病毒分离、聚合酶链反应试验和血清学诊断确诊。其中抽血化验或检查种蛋中 P_{27} 抗原的 ELISA 方法广泛应用于种禽的白血病净化。

图 2-86　肠系膜长血疱

6. 防控措施

此病目前尚无疫苗可预防，也无有效的药物进行治疗，原则上要对病鸡进行淘汰处理。此病的预防可以从 3 个方面入手：第一，做好种鸡群的定期检查工作，发现病鸡和疑似病鸡要及时进行淘汰处理，并定期采血化验白血病的感染率，1 日龄可以通过对胎粪检测（用 ELISA 方法检测 P_{27} 抗原），6~10 周龄可以通过肛拭检测抗原，以及开产时测定蛋清的 P_{27} 抗原来淘汰带毒鸡只，使种鸡场的白血病抗体阳性率控制在 2% 以下，从种源上控制白血病的垂直传播。第二，做好种蛋及孵化设备的消毒工作，减少此病的早期污染（20 日龄内）。第三，加强鸡群饲养管理，提高饲养水平，减少各种不良应激，这对减少此病的发病率和发病程度也有一定作用。

（十一）鸡心包积液综合征

鸡心包积液综合征是由血清 4 型腺病毒引起鸡出现心包积液、肝脏炎症坏死为特征的一种新型传染病，又称"安卡拉"病毒病。

1. 病原

此病的病原是腺病毒科禽病毒属中的血清 4 型腺病毒。病毒没有囊膜，大小为 80~110 纳米，双股 DNA。禽病毒属中病毒种类繁多，可由 I 亚群腺病毒、II 亚群腺病毒（火鸡出血性肠炎和相关病毒）、III 亚群腺病毒（产蛋下降综合征）组成。利用限制内切酶（RE）分析可将已知 12 个腺病毒血清型分为 A（血清 1 型）、B（血清 5 型）、C（血清 4、10 型）、D（血清 2、3、9、11 型）、E（血清 6、7、8a、8b 型）。禽腺病毒对外界环境抵抗力比较强，对乙醚、氯仿、酚、乙酸均有抵抗力，可耐受 pH3~9，对碘制剂、氯制剂、醛类消毒药敏感。

2. 流行病学

此病主要发生于肉鸡和蛋鸡，发病日龄多见于 3~6 周龄，有的可扩大到 20 周龄。病鸡和带毒鸡是主要传染源，一年四季均可发生，主要通过引种或水平接触传播。近年来，该病在我国的发生日益增多。

3. 临床症状

鸡群总体精神状况尚好，多数死亡鸡缺乏先兆症状，少数患鸡有精神沉郁、羽毛松乱和轻微的呼吸道症状；个别出现拉黄色稀粪，两脚无力。出现上述临床症状后，多在 1 天内死亡。病程可持续 2~3 周，整体发病率 20%~80%，死亡率 10%~50%。若处理不当，死亡率可高达 80%。

4. 病理变化

病死鸡的膘情均较好，肌肉苍白，鸡冠和鸡脚也较苍白。剖检可见心脏心包积液明显（图 2-87），切开心包可见心包液呈黄褐色，有些出现胶冻样，心肌柔软。肝脏肿大、色泽变黄（图 2-88、图 2-89），边缘圆钝，质地较脆，有时肝脏表面出现坏死斑或出血斑。腺胃松软，个别在腺胃与肌胃交界处有出血斑（图 2-90）。肺有不同程度水肿，呈

图 2-87　心包积液明显

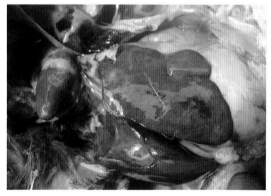

图 2-88　肝脏肿大、色泽变黄

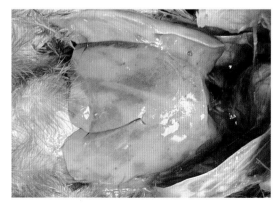

图 2-89　肝脏变黄

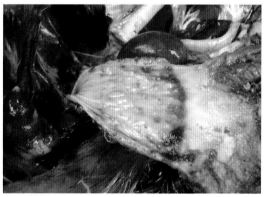

图 2-90　腺胃与肌胃交界处有出血斑

暗红色,挤压有泡沫。肾脏轻度肿胀,并有轻度出血斑（图2-91）。法氏囊萎缩,其他内脏器官有时可见一些出血性病变。

图 2-91　肾脏肿胀,有轻度出血斑

5.诊断

（1）临床诊断

在临床上此病需要与鸡新城疫、鸡传染性法氏囊病、鸡中暑、鸡包涵体肝炎等疾病进行鉴别诊断。

（2）聚合酶链反应试验

取病死鸡的肝脏、脾脏、肺脏等病料进行血清4型腺病毒的聚合酶链反应试验,结果阳性即可确诊。

6.防控措施

（1）预防

平时要加强鸡场的饲养管理,做好鸡场内外的环境卫生和消毒工作,降低饲养密度,做好通风工作,不从疫区引进种鸡或育雏鸡。此外,疫区可安排在15~20日龄免疫接种相应的腺病毒病灭活疫苗,这对预防此病有较好的效果。

（2）治疗

可选用相应的腺病毒卵黄抗体进行肌内注射治疗,有较好效果。采用黄芪多糖或清瘟解毒口服液,以及保肝通肾药物进行治疗有一定效果。在发病期间,尽可能少用各种抗生素和磺胺类药物,否则会加重病情,增加发病率和死亡率。

（十二）鸡包涵体肝炎

鸡包涵体肝炎是由腺病毒引起的鸡的一种急性传染病,主要发生于肉仔鸡与育雏蛋鸡,以肝脏肿大、坏死及出血为特征。

1.病原

包涵体肝炎病毒属于腺病毒科禽腺病毒属,为双股DNA病毒,无囊膜,大小为69~86纳米,正20面体。该病毒在肝脏等靶器官细胞核内复制,并形成嗜碱性包涵体。在众多禽腺病毒中,主要由鸡腺病毒8型、2型、5型、3型及4型等血清型导致鸡的包涵体肝炎,以8a和8b亚型最为常见。该病毒在外界抵抗力较强,不易被消杀。

2.流行病学

此病多发生于3~15周龄的肉鸡群,有时也发生于育雏蛋鸡。鸡群多呈隐性感染,当遇到饲养管理不良或其他疾病（如鸡传染性法氏囊病、鸡传染性贫血病）混合感染时易发作，病程持续2~3周。此病主要通过垂直传播，在环境污染条件下也会发生水平传播。传播途径是通过消化道、呼吸道、眼结膜感染，也可通过输卵管垂直传播。

3. 临床症状

病鸡精神委顿、食欲减少、嗜睡、羽毛松乱，拉黄白色水样稀粪，鸡冠及可视黏膜苍白。有些缺乏明显的前驱症状就死亡。病后3~5天，死亡率逐渐升高，10天后死亡逐渐降低。病死率10%~30%，若用药不当会增加死亡率。若再并发或继发感染其他疾病也会增加死亡率。

4. 病理变化

病死鸡贫血，可视黏膜黄染。肝脏肿大，呈黄褐色，质地较脆，呈脂肪变性，肝脏被膜下散在点状或斑块状出血（图2-92、图2-93），伴有不同程度的坏死（图2-94）。肾脏肿大、苍白、点状出血。脾脏有褐色斑点。法氏囊萎缩变小。皮下、胸肌、肠道及其他

图2-92　肝脏肿大明显，表面有大小不一的出血斑

图2-93　肝脏出血明显

图2-94　肝脏表面出现弥漫性黄白色坏死灶

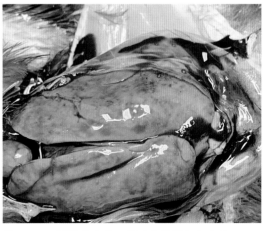

图2-95　肝脏出血斑，腹腔充满粉红色血水

内脏器官有出血变化。有时可见肝脏破裂，腹腔内有血水或血凝块（图 2-95）。

5. 诊断

（1）临床诊断

此病在临床上要注意与鸡弧菌性肝炎、盲肠肝炎和心包积液综合征进行鉴别诊断。

（2）聚合酶链反应试验

采用鸡腺病毒相应血清型的引物进行 PCR 诊断，出现核酸阳性即可诊断。

（3）包涵体检查

取肝脏进行组织切片、HE 染色，观察到肝脏细胞核内包涵体即可诊断。

（4）其他疾病诊断方法

包括病毒分离与鉴定、免疫荧光抗体试验、病毒中和试验等。

6. 防控措施

（1）鸡苗质量把控

做好种鸡场禽腺病毒的净化，确保鸡苗不垂直传播禽腺病毒。

（2）加强日常管理

雏鸡的育雏期间，要加强饲养管理，减少各种不良应激，做好饲养环境的消毒工作。不同批次鸡要分开饲养，避免交叉感染。要加强鸡传染性法氏囊病、鸡传染性贫血等疫病防控。

（3）饲料中多添加维生素

发病时可以在饲料中多添加一些维生素 K_3 或多种维生素，此外还可适当添加一些保肝护肾中药，采取保守治疗方案，特别强调不能使用氟苯尼考、多西环素、磺胺类等对肝脏毒副作用较大的抗菌药物，否则会加重病情。

（十三）鸡脑脊髓炎

鸡脑脊髓炎是由禽脑脊髓炎病毒侵害雏鸡和产蛋鸡的一种传染病，以雏鸡出现共济失调、头颈震颤，以及产蛋鸡出现产蛋量急剧下降为特征。

1. 病原

禽脑脊髓炎病毒属于细小核糖核酸病毒科肠道病毒属，无囊膜，大小为 20~30 纳米，呈球形，只有一个血清型。根据病毒对组织的亲嗜不同，可将病毒分为嗜肠型和嗜神经型。前者以自然野毒株为代表，会通过消化道感染，同时在粪便中排毒；后者以胚胎适应株为代表，不通过消化道感染，而是通过种蛋垂直传播，并成为隐性感染，当饲养管理条件改变时出现致病性。病毒对乙醚、氯仿、酸有抵抗力。

2. 流行病学

病毒在多种日龄鸡中均可感染，但只有在 1~4 周龄的雏鸡和产蛋鸡群才有明显的临

图 2-96　雏鸡出现脑震颤症状

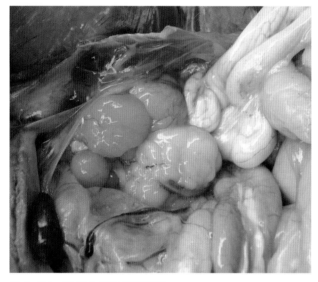

图 2-97　卵巢上卵泡萎缩变性

床症状,在育成鸡感染后不表现症状。一年四季均可发生。此病的传播方式有垂直传播和经消化道水平传播。感染后排毒时间一般为 5~14 天,产蛋鸡感染后 4 周内所产鸡蛋还会带病毒。

3. 临床症状

（1）雏鸡

表现精神不振,嗜睡,不愿走动,共济失调,步态异常（图 2-96）,行走时两翅张开以保持平衡,有些以跗关节着地,有些鸡头颈震颤,羽毛逆立。整群采食和粪便基本正常,个别病鸡由于瘫痪而不能采食,最终衰竭死亡。康复鸡生长缓慢,有些病雏鸡康复后出现眼睛晶状体混浊,瞳孔反射消失。病程 7~30 天。

（2）产蛋鸡

采食、饮水、死淘率基本正常,产蛋率急骤下降,下降幅度为 30%~50%,同时蛋重变小,但蛋壳颜色、硬度、厚度无异常。约经 15 天后,产蛋率逐渐恢复正常。种鸡出现此病后,在发病期间和发病后一段时间对所产种蛋进行孵化,孵化率下降,孵出的雏鸡会出现不同程度的脑脊髓炎症状。

4. 病理变化

雏鸡脑部有不同程度出血病变,此外有脾脏肿大与轻度肠炎病变。产蛋鸡则无明显肉眼病变,有时可见卵巢上的卵泡萎缩变性（图 2-97）。

5. 诊断

（1）临床诊断

在临床上,此病要与鸡维生素 E 缺乏症、鸡维生素 B_1 缺乏症、鸡新城疫、鸡减蛋综合征,以及饲养管理不良导致减蛋进行鉴别诊断。

（2）聚合酶链反应试验

取发病雏鸡的脑脊髓或发病鸡群所产鸡蛋进行禽脑脊髓炎病毒的 PCR 检测，病毒核酸阳性，即可诊断。

（3）其他诊断方法

采用病毒的分离与鉴定，利用病毒中和试验、琼脂扩散试验和其他血清学试验来测定禽脑脊髓炎抗原和抗体。雏鸡在感染后 4~10 天即可检出相应抗体，这种抗体可持续 28 个月。

6. 防控措施

（1）生物安全措施

做好鸡场的生物安全措施，防止从疫区或有此病的种鸡引种苗，有发生此病的种鸡所产种蛋不能用于孵化。

（2）做好疫苗免疫

目前相关疫苗有 3 种，分别是禽脑脊髓炎活疫苗、禽脊髓炎—鸡痘二联活疫苗和禽脊髓炎灭活疫苗。禽脑脊髓炎灭活疫苗在 100~130 日龄进行肌内注射，每羽 0.3~0.5 毫升。免疫保护期 1 年。

（3）发病处理

淘汰发病与发育不良的雏鸡，产蛋鸡发病后也无需特别处理，经过 2~3 周会自然康复，必要时可加些抗病毒中药或多种维生素促进病情早日康复。

（十四）鸡传染性贫血

鸡传染性贫血是由鸡传染性贫血病毒引起雏鸡的一种慢性传染病，又称蓝翅病、出血性综合征或出血性皮炎综合征，以再生障碍性贫血和全身淋巴组织萎缩而造成免疫抑制为特征。

1. 病原

鸡传染性贫血病毒属于圆环病毒科圆环病毒属，病毒粒子大小为 24 纳米左右，无囊膜，20 面体对称结构，单链 DNA，只有一个血清型。该病毒可在鸡胚中繁殖复制，但不致死鸡胚。在自然病例中，病毒复制的主要部位是在骨髓的成血细胞和胸腺的 T 淋巴细胞。该病毒对一般消毒药抵抗力较强，但对福尔马林、氯仿敏感。

2. 流行病学

鸡是此病的唯一宿主，不同品种和不同日龄鸡均可感染发病。肉鸡比蛋鸡易感，公鸡比母鸡易感。易感性高低与母源抗体水平有关。此病主要经种蛋垂直传播，雏鸡多在出壳后 10~15 天发病。此病也可经水平传播，包括经口腔、消化道、呼吸道传播，另外带病毒的公鸡的精液可经交配而传播。在生产实践上，很多肉鸡场存在此病毒的隐性感染，但不

图 2-98 鸡冠苍白、矮小

图 2-99 鸡翅膀出现炎症病变

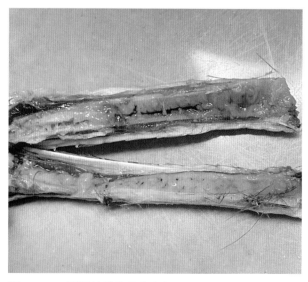

图 2-100 胫骨的骨髓呈黄白色

表现症状，同时常与鸡马立克病、鸡传染性法氏囊病、鸡网状内皮增生症等疫病并发感染，并使这些疾病的致病性增强。

3.临床症状

雏鸡多在 2 周龄内发病，主要表现贫血症状。具体表现为：精神委顿，扎堆，行动迟缓，羽毛粗乱，鸡冠苍白（图 2-98），生长不良，消瘦。有些病鸡的翅部有出血病灶与炎症病变（图 2-99），个别拉白色稀粪。感染后 20~28 天，多数鸡会耐过，但生长缓慢，并存在细菌性或病毒性疾病的继发感染。中大鸡与种鸡无明显症状，但持续带病毒可通过种蛋垂直传播。发病率 5%~60%，死亡率 5%~10%。

4.病理变化

病死鸡贫血和消瘦明显，肌肉苍白，肝脏和肾脏肿大褐色。血液稀薄如水，凝血时间延长。骨髓呈黄白色（图 2-100）。胸腺萎缩出血。有些出现皮下出血（多见于翅部），局部还有皮炎病变。

5.诊断

（1）临床诊断

此病在临床上要注意与鸡球虫病、鸡包涵体肝炎、鸡磺胺类药物中毒进行鉴别诊断。

（2）聚合酶链反应试验

采集鸡肝脏、骨髓等病料用相应的引物进行 PCR 诊断，出现核酸阳性即可诊断。

（3）病毒分离鉴定

采集鸡肝脏、骨髓等病料经匀浆、

冻融、离心后，用10%氯仿处理，过滤后接种在 MDCC-MSB 细胞培养物上，观察细胞病变，再用电镜或荧光抗体法诊断病原。

（4）其他诊断方法

包括病毒中和试验、直接和间接免疫荧光试验、间接试验等。

6. 防治措施

（1）种鸡群疫病净化

种鸡场要加强饲养管理，采取健全生物安全措施，防止种鸡群感染鸡传染性贫血，定期监测建立无传染性贫血病染的种鸡群。

（2）疫苗免疫

对存在鸡传染性贫血的种鸡场，可采用相应的活疫苗（CUX-1株）于开产前饮水免疫，使鸡场产生相应抗体，鸡苗通过母源抗体而获得保护。

（3）治疗措施

目前对此病尚无特效的治疗药物。发病后一方面采取隔离淘汰病鸡，另一方面在饲料或饮水中添加维生素 K_3、黄芪多糖和其他提高免疫力的药物，对控制病情有所帮助。

（十五）鸡网状内皮增生症

鸡网状内皮增生症是由网状内皮组织增生症病毒引起鸡的一种肿瘤性传染病，以贫血、生长缓慢、消瘦为主要症状，以肝脏、肠道、心脏和其他内脏器官出现淋巴瘤为特征，是一种重要的免疫抑制病。

1. 病原

网状内皮组织增生症病毒属于反转录病毒科 C 型反转录病毒属，病毒大小约100纳米，有囊膜，单股 RNA，只有一个血清型，目前已分离到 30 多株不同致病力的毒株。该病毒对环境抵抗力不强，不耐热，对各种消毒药都敏感。

2. 流行病学

网状内皮组织增生症病毒会感染鸡、火鸡、鸭和其他鸟类，其中火鸡最易感。患病家禽是主要传染源，可通过种蛋垂直传播和水平传播，但后者比较弱。此外，带病毒的活疫苗是造成此病传播的主要原因（如马立克疫苗、鸡痘疫苗）。刚出壳的雏鸡最易感，并导致严重的免疫抑制。发病日龄 30~120 天，多在 80 日龄左右。发病无明显季节性。

3. 临床诊断

鸡群表现生长迟缓，发育不均匀，大小差异大。病鸡表现消瘦（图2-101），采食减少，精神沉郁，鸡冠苍白，拉黄白色稀粪，个别表现运动失调。四肢麻痹，发病率 30%~50%，死亡率 10%~20%。鸡群发生鸡痘时（如眼型鸡痘），极易造成此病的感染并发，病程可持续 2~3 个月。鸡群感染此病后，由于免疫抑制，可影响马立克疫苗免疫效果，

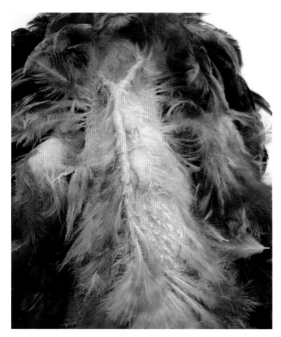

图 2-101　病鸡消瘦

使鸡群更容易感染马立克病。

4. 病理变化

剖检可见病死鸡极度消瘦；肝脏肿大（图 2-102），有些表面有肿瘤结节；脾脏肿大，表面有坏死或肿瘤结节（图 2-103、图 2-104）；腺胃肿大如球（图 2-105），切开腺胃可见腺胃壁明显增厚，腺胃乳头增生变粗（图 2-106），有时可见腺胃乳头大面积出血或溃疡（图 2-107）。有些肠道和肠系膜有肿瘤结节，胸腺和法氏囊萎缩，肌肉有肿瘤结节（似肉芽肿）。

5. 诊断

（1）临床诊断

此病在临床上要与鸡马立克病、鸡白

图 2-102　肝脏肿大

图 2-103　脾脏肿大坏死

图 2-104　脾脏肿大

图 2-105　腺胃肿大

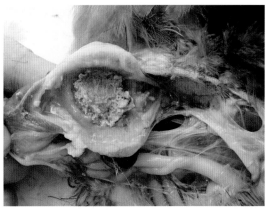

图 2-106 腺胃壁增厚　　　　　　　　　图 2-107 腺胃溃疡灶

血病、鸡肌腺胃炎、鸡戊型肝炎等进行鉴别诊断。

（2）聚合酶链反应试验

取肝脏、脾脏等病料采用相应引物进行 PCR 诊断。

（3）其他诊断方法

病毒分离与鉴定、琼脂免疫扩散试验、直接或间接免疫荧光试验、血清抗体 ELISA 检测。

6. 防控措施

目前此病无有效的疫苗可供使用，也无良好的治疗方法。对于种鸡场要定期采血，采用血清学方法监测鸡群，及时淘汰阳性鸡，逐步建立无此病鸡群。鸡场要重视日常的饲养管理和卫生消毒措施，选用的鸡马立克病疫苗和鸡痘疫苗要采用 SPF 鸡胚生产的疫苗，杜绝此病因接种疫苗而传入。在鸡痘高发季节里，要做好鸡痘的疫苗免疫及蚊虫的杀灭工作。

（十六）鸡病毒性关节炎

鸡病毒性关节炎是由禽呼肠孤病毒引起的以跗关节肿胀、腱鞘炎、肌腱断裂为主要病变的一种慢性传染病，又称鸡呼肠孤病毒病、鸡病毒性腱鞘炎。

1. 病原

此病病原为呼肠孤病毒科呼肠孤病毒属的禽呼肠孤病毒。病毒无囊膜，呈 20 面体对称等轴排列，大小为 70~75 纳米，双股 RNA，无血凝性。目前查明的有 11 个血清型。该病毒对外界因素抵抗力强，耐热。对乙醚不敏感。有效的消毒药包括碱性消毒药、碘制剂及过氧化氢。

2. 流行病学

鸡和火鸡是此病的自然宿主，各种日龄、品种鸡都易感，以 4~6 周龄鸡多见，开产后的种鸡和蛋鸡也有发生，日龄越大，易感性越低。此病可通过种蛋垂直传播，也可通过与病鸡直接接触或通过与粪污间接接触而发生水平传播。病鸡或带毒鸡主要通过肠道粪便向外排毒。目前，此病在某些鸡场中感染率较高，但临床上的发病率和死亡率较低。

3. 临床症状

此病的自然感染潜伏期为3~4周。发病初期表现食欲减退，不愿走动，蹲伏，随后出现跛行和行走困难（图2-108），跗关节、趾关节肿胀明显（图2-109），严重时可见病鸡坐在跗关节上，驱赶时可见病鸡以趾支撑着地，向前跳动。病程较长的病鸡，可见患肢向外扭转或出现瘫痪。病鸡群发育不良，群体整齐度差，但死亡率较低。个别产蛋鸡表现走路不稳、瘫痪或关节扭转弯曲，但对产蛋率、蛋壳质量无明显影响。

4. 病理变化

患肢跗关节或趾关节肿胀明显，切开肿胀跗关节可见上部腓肠肌腱水肿、关节液增多。有时还可见腓肠肌腱断裂，关节局部出血，关节周围组织青肿（图2-110）。慢性病例可见跗关节肿大、钙化和纤维化，有时关节腔内有干酪样物质渗出，组织切片显示为非化脓性腱鞘炎。个别病例的肝脏出现不同程度的坏死（图2-111）。

图2-108　跛行

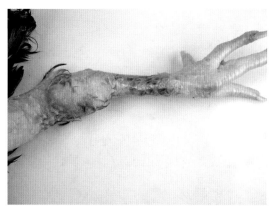

图2-109　跗关节肿大

图2-110　关节周围组织青肿

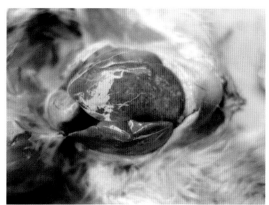

图2-111　肝脏出现不同程度坏死

5. 诊断

（1）临床诊断

此病在临床上要注意与鸡葡萄球菌病、鸡沙门菌病、鸡滑液囊支原体病，以及某些营养缺乏症（如锰）进行鉴别诊断。

（2）聚合酶链反应试验

取病变关节组织采用相应的引物进行 PCR 诊断，病毒核酸阳性即可确诊。

（3）其他诊断方法

在发病早期（感染发病 2 周内）取病变关节组织进行鸡胚的病毒培养、分离和鉴定，也可以采血（发病后 2~3 周）进行琼脂扩散试验检测血液中相应抗体进行诊断。

6. 防控措施

（1）生物安全措施

做好鸡场的生物安全措施，加强鸡场的饲养管理和卫生消毒工作，防止病原传入。不从有病的种鸡场引鸡苗。

（2）疫苗免疫

在此病常发鸡场可使用疫苗进行预防。目前有活疫苗和灭活疫苗 2 种。一般来说，种鸡开产前 2~3 周肌内注射此病的灭活疫苗；雏鸡出壳 2 周龄时免疫接种此病的活疫苗，必要时在 1 月龄时再免疫注射灭活疫苗，提高免疫效果。

（3）发病鸡处理

目前无有效的治疗药物。对已发病的采用尽早隔离饲养或淘汰处理，同时加强鸡舍的消毒工作。

（十七）鸡偏肺病毒病

鸡偏肺病毒病是由禽偏肺病毒引起的以流鼻涕、眶下窦肿胀及打喷嚏为主要症状的一种传染病，早期又称禽肺病毒病或火鸡鼻气管炎。此病与肿头综合征也有密切关系。

1. 病原

禽偏肺病毒属于副黏病毒科肺病毒亚科偏肺病毒属。病毒粒子呈多形性，多数呈椭圆形，大小为 100~200 纳米，有囊膜，为单股负链 RNA。病毒只有一个血清型，但可分为 A、B、C、D 共 4 个亚型。A、B 型主要在欧洲报道，C 型主要在中国、韩国、美国及加拿大报道，D 型只有在法国报道过。病毒对乙醚敏感，对热也敏感。

2. 流行病学

鸡和火鸡都是禽偏肺病毒的自然宿主，各种日龄都易感。此病传播迅速，不同鸡群间可通过接触直接传播，也可通过空气传播，以冬春寒冷季节多发。

图 2-112　病鸡出现鼻窦炎

图 2-113　整个头部肿大

图 2-114　头部及下颌组织肿胀

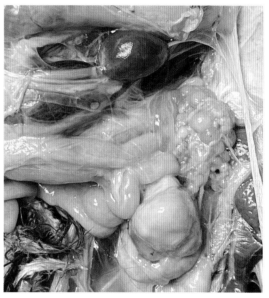

图 2-115　卵巢上卵泡出现萎缩变性

3. 临床症状

主要表现咳嗽、流鼻涕、气管啰音、泡沫性结膜炎和鼻窦炎（图 2-112），个别病鸡眼结膜发红、流泪并出现泡沫样分泌物，眶下窦肿胀，严重的会波及整个头部，下颌组织和肉囊肿胀（图 2-113、图 2-114）。鸡群出现不同程度的减料，病鸡精神沉郁，张口呼吸，咳嗽明显，并且有明显的气管啰音，发病率 30%~80%，但死亡率较低（通常小于 15%）。此外，还伴随一些脑神经症状，甚至萎靡或昏迷状态。产蛋鸡出现明显的产蛋率下降，蛋壳质量变差。病程持续 10~15 天。

4. 病理变化

鼻窦肿胀或整个头部皮下水肿，气管和支气管充血出血。管内积有黄白色干酪样分泌物，眶下窦或眼眶积有干酪样分泌物，眼结膜充血出血。有些卵巢上的卵泡出现萎缩变性（图 2-115）。

5. 诊断

（1）临床诊断

在临床上要与鸡传染性气管炎、鸡传染性喉气管炎、H_9 亚型禽流感、鸡新城疫、鸡败血支原体病、鸡减蛋综合征、鸡传染性鼻炎等鉴别诊断。

（2）聚合酶链反应试验

取局部病变组织及气管、肺脏，采用相应的引物进行 RT-PCR 诊断，病毒核酸阳性即可确诊。

（3）其他诊断方法

病毒分离鉴定（鸡胚、细胞培养）、酶联免疫吸附试验、病毒中和试验等。

6. 防控措施

（1）加强饲养管理

特别注意控制舍内温度、湿度和通风，加强日常卫生消毒工作。做好鸡场的生物安全措施，要避免与不同日龄、不同禽类混养，阻止野禽进入鸡场。对进入鸡场的人员和物品也要加强消毒。

（2）疫苗预防

目前国外有研制出 A、B、C 亚型活疫苗和灭活疫苗，应用效果评价不一。我国目前还没有相关的疫苗可供使用。

（3）发病处理

单纯的鸡偏肺病毒病，目前无有效的治疗药物，只能通过严格控制鸡舍的温度和通风，以及提高其他饲养管理措施来控制病情。若继发细菌感染（如大肠杆菌、波氏杆菌、绿脓杆菌）可用阿莫西林、喹诺酮类、磺胺类等药物配合治疗，在治疗过程中要注意停药期及耐药性检测。

（十八）鸡戊型肝炎

鸡戊型肝炎是由禽戊型肝炎病毒引起鸡出现肝脾肿大的一种慢性传染病，又称肝脾肿大综合征或大肝大脾病。

1. 病原

禽戊型肝炎病毒属于肝炎病毒科中一个尚未被命名的种属。该科中已明确一个属是肝炎病毒属，有 4 个基因型，其中 1 型和 2 型会导致人肝炎，3 型和 4 型会感染人、猪和其他哺乳动物，均以感染哺乳动物为主。禽戊型肝炎病毒与哺乳动物肝炎病毒约有 50% 的同源核苷酸序列。禽戊型肝炎病毒是一种无包膜的单股正链 RNA 病毒，呈球形，大小为 32~34 纳米。目前对禽戊型肝炎病毒的生物特性研究还比较少。

2.流行病学

禽戊型肝炎是一种人畜共患病，可以感染人和多种动物。猪源的戊型肝炎在全球养猪地区都广泛存在，也是人戊型肝炎的重要传染源。禽戊型肝炎在国内外鸡场和鸭场中也普遍存在，病毒通过受污染饲料、饮水、垫料经消化道在鸡与鸡之间传播。哺乳动物与禽类是否能相互传播戊型肝炎目前还不清楚。禽戊型肝炎自然病例目前主要见于肉种鸡和蛋鸡。

3.临床症状

此病主要发生在30~72周龄的肉种鸡和蛋鸡，表现连续几周的高于正常的死亡率（周死亡率达0.3%~1%），同时产蛋率下降4%~10%，有时高达20%，病程持续3~6周，而后产蛋率又逐渐恢复接近正常水平。此外，发病鸡群所产鸡蛋偏小，蛋颜色偏淡，但孵化率一般不受影响。鸡群中个别鸡出现昏昏欲睡、厌食、鸡冠和肉垂苍白、泄殖腔周围羽毛污秽、掉羽等症状。

4.病理变化

病死鸡体况良好，肝脏肿大、苍白，质地较脆，呈斑驳状，肝组织内嵌有红色、黄色或黄褐色病灶（图2-116），有的肝脏被膜下出现出血点或血管瘤。腹腔内常见少量或中等程度的血水，有时腹腔内可见血凝块。脾脏肿大（图2-117），有坏死灶，常破裂出血。卵巢常见退行性病变（图2-118）。组织切

图2-116　肝脏肿大呈黄褐色

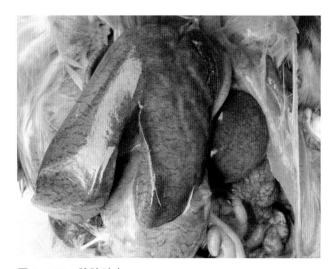

图2-117　脾脏肿大

图2-118　卵巢出现退行性病变

片可见肝脏呈明显的脂肪变性，并有局灶性或大面积肝细胞凝固性坏死或被淋巴细胞浸润。脾脏切片可见网状内皮巨噬细胞显著增生。

5.诊断

（1）临床诊断

临床上要与鸡白血病、鸡马立克病、鸡弧菌性肝炎、鸡大肠杆菌病、鸡脂肪肝进行鉴别诊断。

（2）聚合酶链反应试验

对病鸡的血样、粪便、内脏组织进行 PCR 检测，病毒核酸阳性即可诊断。

（3）抗体检测

采用禽戊型肝炎病毒总抗体诊断试剂盒进行抗体检测，抗体阳性表明鸡群有感染过该病毒。

6.防控措施

（1）加强饲养管理

蛋鸡场和种鸡场要加强饲养管理和日常巡视，定期做好鸡舍的消毒工作，尽量减少各种不良应激，加强鸡场的生物安全措施，提高鸡群的抵抗力。

（2）预防肝炎

目前禽戊型肝炎在我国鸡群中广泛存在，并严重影响蛋鸡和种鸡的正常生产，但没有引起足够重视。鉴于相关综合防控技术研究相对滞后，目前尚无特效疫苗和治疗药物。发病鸡场可以饲喂保肝护肝药物或多种维生素，以提高群体免疫力，有助于鸡群降低死亡率。

三、鸡细菌性疾病

（一）鸡白痢

鸡白痢是由鸡白痢沙门菌引起的一种细菌性传染病。

1. 病原

鸡白痢沙门菌隶属于肠杆菌科沙门菌属，革兰阴性，形态呈短杆状，大小（0.75~1.5）微米 ×（2.0~5.0）微米，无鞭毛、无荚膜、无芽孢。此菌可以在普通营养琼脂上生长，在 SS 琼脂上生长良好，能在葡萄糖生化管中发酵产酸，具有 O 抗原（常见的有 O_1、O_9、O_{12} 等）。

2. 流行病学

此病主要侵害 2~3 周龄雏鸡，中大鸡多为轻微发病或隐性带菌。一年四季均可发生。饲养管理条件差、长途运输、密度过大、通风不良、育雏室的温度不均匀、饲料质量不良等因素均可诱发或加剧此病的发生。病鸡和带菌鸡是此病的主要传染源。此病可通过粪污接触传播或胚蛋垂直传播。

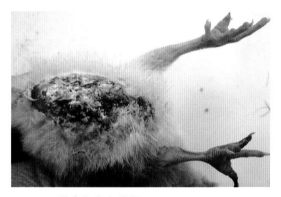

图 3-1 排出灰白色稀粪

3. 临床症状

雏鸡从 5~6 日龄开始发病，2~3 周龄是发病和死亡的高峰，发病率可达 10%~50% 以上，死亡率可高达 30% 以上。病鸡主要表现精神沉郁，羽毛松乱，食欲降低，打堆，排灰白色稀粪，泄殖腔周围羽毛常被白色粪便沾污（图 3-1、图 3-2），有时泄殖腔被白色粪便粘住造成排粪困难，有时出现呼吸困难、张口呼吸，个别病鸡眼角膜混浊。病雏生长缓慢。病程持续 2 周左右，而后逐渐转为慢性病例。在中鸡和成年鸡中通常为慢性或隐性感染，主要表现消瘦，

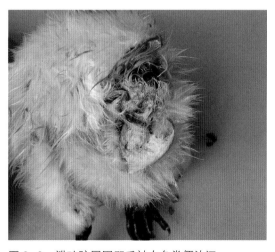

图 3-2 泄殖腔周围羽毛被白色粪便沾污

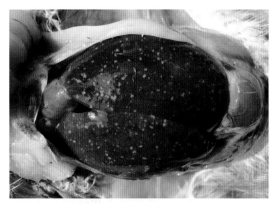

图 3-3　肝脏肿大、表面有白色坏死点

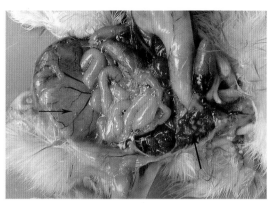

图 3-4　肺脏有白色结节

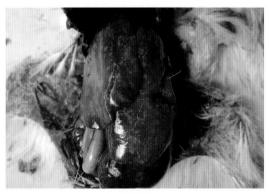

图 3-5　中大鸡肝脏肿大、表面出现坏死斑

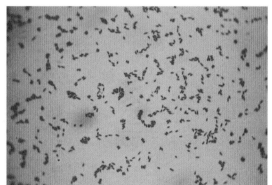

图 3-6　沙门菌形态

腹部膨大，肛门口羽毛污秽。产蛋鸡表现产蛋减少，以及卵黄性腹膜炎等临床症状。

4. 病理变化

雏鸡主要病理变化是脱水明显，肝脏肿大，肝脏表面有大小不等、数量不一的坏死点（图 3-3）；卵黄吸收不良，外观呈黄绿色；病程稍长的病例可见肺脏有黄白色坏死结节（图 3-4）；心包膜增厚，心肌上时有坏死灶或结节；肠道有不同程度的炎症，盲肠肿大、内有白色干酪样物；肾脏肿大，输尿管有尿酸盐沉积；个别病鸡出现关节肿大。中大鸡主要病理变化是肝脏肿大、质地极脆、表面有坏死斑（图 3-5），腹腔有不同程度的积水，心肌有坏死灶。产蛋鸡还可看到卵巢上的卵泡变形、变色，有时还有卵黄性腹膜炎。公鸡常见睾丸炎或单侧睾丸萎缩变硬。

5. 诊断

（1）临床诊断

根据此病的流行病学、临床症状和病理变化可作出初步诊断。

（2）化验诊断

要确诊必须对肝脏进行细菌镜检和培养，沙门菌呈短杆状（图 3-6），革兰阴性，必要时采用生化鉴定或 PCR 鉴定。此外，成年鸡是否有隐性带菌可通过全血平板凝集试验进行诊断。

6. 防治措施

（1）预防

第一，种鸡群的净化。鸡白痢可经种蛋垂直传播，所以培育种鸡时要特别注意鸡白痢的检疫检验，及时淘汰阳性带菌种鸡。具体做法是从 60~70 日龄开始，每隔 1 个月全群抽血检查鸡白痢 1 次，直到全群鸡的鸡白痢阳性率低于 0.5%。第二，严格消毒。种鸡场要严格对种蛋、孵化器，以及其他用具进行严格的消毒（如熏蒸消毒），同时还要定期地对种鸡群进行带鸡消毒。第三，做好雏鸡的饲养管理。包括适当的育雏温度、湿度、通风、光照，以及良好的饲料，其中保温尤为重要。第四，药物预防。鉴于鸡白痢的病例时有发生，在育雏头几天要按说明喂以氟苯尼考或盐酸环丙沙星，以及适量的电解质和多种维生素，可明显降低此病的发病率、死亡率，提高雏鸡的均匀度。

（2）治疗

治疗鸡白痢的方案和药物很多，其中比较常用的药物有：盐酸环丙沙星、恩诺沙星、氟苯尼考、硫酸新霉素、阿莫西林、头孢噻呋钠等，具体用量参考说明书使用。必要时通过药敏试验筛选敏感药物治疗，以提高治疗效果。

（二）鸡伤寒

鸡伤寒是由鸡伤寒沙门菌引起的一种鸡败血性传染病。

1. 病原

鸡伤寒沙门菌隶属于肠杆菌科沙门菌属，革兰阴性，形态呈短杆状，大小（0.7~1.5）微米 ×（2.0~5.0）微米，无鞭毛、无荚膜、无芽孢，能在普通营养琼脂上生长。该菌能在葡萄糖、麦芽糖、卫矛醇生化管中发酵产酸，不分解乳糖和蔗糖。该菌对热抵抗力不强。

2. 流行病学

此病主要侵害成年鸡，以慢性发生或隐性感染为主。传播途径可通过种蛋垂直传播，也可以水平传播（包括病鸡与易感鸡直接接触传播，以及通过饲养员、用具等的间接传播）。

3. 临床症状

急性病例表现精神萎靡，突然减食，拉黄绿色稀粪，鸡冠和肉髯苍白，死亡快。亚急性和慢性病例表现贫血，渐进性消瘦，病死率较低。有时雏鸡也可发病，其病症与鸡白痢类似。

4. 病理变化

急性病例见不到明显的病理变化。亚急性和慢性病例可见肝脏肿大呈铜绿色（图3-7），

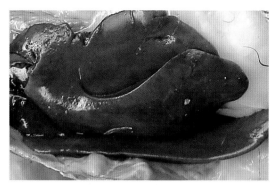

图3-7　肝脏铜绿色

图3-8　肝脏肿大、表面有白色坏死灶

有时肝脏和心脏有灰白色粟粒状坏死（图3-8、图3-9），有时出现心包炎，公鸡还有睾丸炎病理变化。

5. 诊断

（1）临床诊断

根据此病的流行病学、临床症状、病理变化可作出初步诊断，在临床上需与鸡戊型肝炎进行鉴别诊断。

（2）化验诊断

确诊需进行细菌的分离培养和鉴定。此外，也可用平板凝集反应（方法同鸡白痢）对鸡群进行抽血化验。

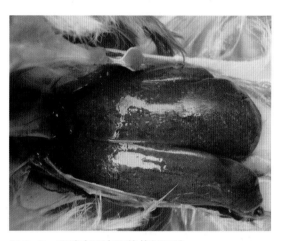

图3-9　肝脏表面有粟粒状坏死灶

6. 防治措施

此病的预防和治疗参考鸡白痢的防治方法。

（三）鸡副伤寒

鸡副伤寒不是由单一病原菌引起的疾病，而是由沙门菌属中除鸡白痢和鸡伤寒沙门菌之外众多血清型细菌所引起的，统称为鸡副伤寒。此病属于人畜共患传染病，人类吃了受副伤寒病菌污染而又未经充分煮熟的鸡肉和鸡蛋时，易发生食物中毒现象。

1. 病原

鸡副伤寒病原是沙门菌属中除鸡白痢沙门菌和鸡伤寒沙门菌之外众多血清型沙门菌。细菌为革兰阴性，形态呈直杆状或短杆状，大小为（0.7~1.5）微米 ×（2.0~5.0）微米，无荚膜、无芽孢，绝大部分有鞭毛，能运动。该类细菌能发酵葡萄糖（产酸产气）、卫矛醇、甘露醇、麦芽糖和山梨醇，但不能发酵乳糖、蔗糖，能在许多培养基上产生硫化氢；

利用枸橼酸盐做唯一碳源，能分解硝酸盐为亚硝酸盐，不能水解尿素或明胶，不能产生吲哚。该类菌对温度较敏感。

2. 流行病学

此病常见于 2 周龄左右的雏鸡，发病后的 6~10 天是死亡高峰期，超过 1 个月龄以上的鸡则很少死亡。但中鸡、大鸡（特别是种鸡）往往成为此病的自然带菌者。传播途径有经蛋垂直传播和水平传播 2 种方式。

图 3-10 肝脏表面有坏死点和坏死斑

3. 临床症状

成年鸡感染后多数无临床症状，容易成为隐性带菌，时间可持续 9~16 个月。雏鸡发生副伤寒时临床症状与鸡白痢、鸡伤寒很相似。急性病例主要表现为死亡快，无明显死前症状，多见于刚出壳几天内的雏鸡；慢性病例主要表现为精神沉郁，垂头，闭目，双翅下垂，羽毛松乱，食欲减少，饮水增加，拉水样腹泻，肛门口黏附有粪便，有时还有流泪、失明、关节炎等症状。死亡率 2%~3%。在种鸡场有时会出现胚胎早期感染，鸡蛋孵化过程中出现较多死胚现象。

4. 病理变化

病鸡消瘦、脱水、卵黄吸收不良。在肝脏上有条纹状出血或有大小不等的灰白色坏死点和坏死斑（图 3-10），心包炎明显、心包积液并有纤维素性渗出物；小肠炎症明显，有时在肠壁和肠系膜上有白色坏死点，盲肠肿大，内含黄白色干酪样物质。成年鸡发生副伤寒时，肝脏肿大充血，肠炎明显，时常并发心包炎、腹膜炎和卵巢坏死等病理变化，有时肠黏膜还出现坏死性溃疡灶。

5. 诊断

（1）临床诊断

根据流行病学、临床症状、病理变化可作出初步诊断，在临床上需与鸡白痢、鸡曲霉菌病进行鉴别诊断。

（2）化验诊断

确诊需对病鸡内脏组织进行细菌分离，并采取生化鉴定或 PCR 鉴定。

6. 防治措施

此病的预防和治疗参考鸡白痢的防治方法。

（四）鸡巴氏杆菌病

鸡巴氏杆菌病是由多杀性巴氏杆菌引起鸡（鸭、鹅、火鸡等其他禽类也会感染发病）的一种急性败血症传染病，又称禽霍乱、禽出败。

1. 病原

多杀性巴氏杆菌隶属于巴氏杆菌科巴氏杆菌属，革兰阴性，无鞭毛、无芽孢，大小为（0.3~0.4）微米 × （1.0~2.0）微米，单个或成双存在，在感染组织中的菌体用姬姆萨染色或瑞氏染色通常可见明显的两极浓染，有荚膜。此菌为需氧或兼性厌氧，在普通培养基上均可生长。此菌对外界抵抗力不强，阳光照射或干燥加热，以及一般消毒药均能杀灭。

2. 流行病学

鸡、鸭、鹅、火鸡等禽类均对多杀性巴氏杆菌易感。1 个月龄以内的雏鸡对此病有一定的抵抗力，很少感染，3~4 月龄鸡及成年鸡较易感。此病的主要传染源是病禽和带菌的家禽。此外，受污染的环境、水、饲料和工具也是重要的传播来源。鸡群的饲养管理不良、长途运输、天气骤变、鸡群拥挤等因素均可诱发此病的发生和流行。此病一年四季均可发生，但以夏秋季节多发。此病易形成疫源地，易反复发作，不易根治。

3. 临床症状

根据此病发生的时间快慢可把鸡巴氏杆菌病分为最急性、急性和慢性 3 种类型。

（1）最急性型

病鸡无明显临床症状，往往突然死在鸡笼内，有时也可见病鸡突然骚动不安，倒地后双翼扑动几下就死亡，膘情好的鸡更易死亡。

（2）急性型

此类占大多数。主要表现精神沉郁，离群，减食，流泪，并从鼻、口中流出粉红色液体，呼吸困难。下痢明显，粪便呈灰黄色或污绿色，有时带血液。鸡冠和肉髯呈青紫色，有时肿胀。死亡快，病程短，发病率和死亡率可高达 50%~80%。用药后可短暂地控制病情，几天后又易发作。

（3）慢性型

进行性消瘦，贫血，下痢。有些病鸡肉髯肿大，关节肿大。病程可持续 1 个月以上。

4. 病理变化

（1）最急性型

见不到明显的病理变化，有时可见到心冠脂肪出血、肝脏表面有出血点和灰白色坏死点（图 3-11），以及肠道肿大病理变化。

（2）急性型

肝脏肿大、质脆、表面散布许多针尖大小的灰白色的坏死点（图 3-12），心外膜、心冠脂肪有小出血点或出血斑（图 3-13），皮下组织、肠系膜等处也可见到出血斑或出血点，

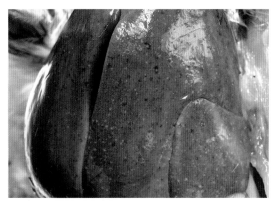

图 3-11　肝脏表面有针尖大小的白色坏死点

图 3-12　肝脏表面大量坏死点

图 3-13　心冠脂肪出血

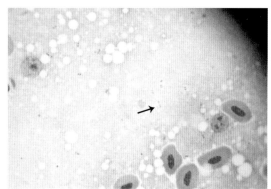

图 3-14　多杀性巴氏杆菌形态

十二指肠肿大，切开小肠可见有卡他性或出血性肠炎。

（3）慢性型

病死鸡上呼吸道有黏液附着，关节可见炎性渗出物或干酪样坏死物，肉髯肿大、囊内为黄白色干酪样物，母鸡有时可见卵泡变性。

5. 诊断

（1）临床诊断

通过临床症状、病理变化可以作出初步诊断。在临床上，此病要与中毒、鸡高致病性禽流感、鸡新城疫进行鉴别诊断。

（2）化验诊断

对病鸡肝脏、心脏进涂片、染色，在显微镜下检出两极浓染的革兰阴性菌可以确诊（图3-14）。同时对肝脏、心脏组织采用血液琼脂平板进行细菌分离鉴定。

6. 防治措施

（1）预防

第一，疫苗接种。目前用于预防鸡巴氏杆菌病的疫苗有禽多杀性巴氏杆菌病蜂胶灭活疫苗、禽多杀性巴氏杆菌病活疫苗和禽多杀性巴氏杆菌病油佐剂灭活疫苗等。但由于这些疫苗都存在免疫源性差、应激反应大以及免疫期短等缺点，导致该病疫苗的使用率比较低。第二，加强饲养管理。此病的发生与饲养条件有密切关系，平时要做好场所、饮水、工具等卫生消毒工作，也要做好外来车辆、人员、装鸡工具的消毒工作。鸡场内不要饲养鸭、鹅等其他品种禽类，以免造成交叉感染。第三，药物预防。对此病常发地区或鸡场可因地制宜地选择使用广谱抗生素（如恩诺沙星、盐酸环丙沙星、氟苯尼考等）进行定期预防。

（2）治疗

鸡场一旦发生此病，容易形成疫源地，使此病在鸡群中反复发作，所以用药治疗时，一定要巩固3个疗程以上。具体来说，急性病例要及时对鸡群每只鸡进行肌内注射抗生素（每只大鸡肌内注射青霉素和硫酸链霉素各5万~10万单位），一天1~2次。同时按药物说明采用下列之一药物进行饮水或拌料：如恩诺沙星、盐酸环丙沙星、氟苯尼考、阿莫西林、土霉素、磺胺对甲氧嘧啶、磺胺间甲氧嘧啶、磺胺氯达嗪钠、甲氧苄啶、二甲氧苄啶等，连用3~5天，停药后2~3天再重复使用2~3个疗程。必要时可采用2种药物配伍使用，以提高治疗效果。此外，对病死鸡要集中销毁和消毒，不要随便乱扔，以免造成此病扩散蔓延。

（五）鸡大肠杆菌病

鸡大肠杆菌病是由多种有致病性的大肠杆菌血清型引起的鸡出现多种类型病症的总称。具体包括：败血症型、"三炎"（心包炎、肝周炎、气囊炎）型、脐炎型、卵黄性腹膜炎型、肉芽肿型和眼炎型等表现型。

1. 病原

大肠杆菌隶属于肠杆菌科埃希杆菌属，革兰阴性，无芽孢，大小为（1.1~1.5）微米 ×（2.0~6.0）微米，大多数周身有鞭毛，能运动。此病为需氧菌或兼性厌氧菌，在麦康凯琼脂上会形成粉红色菌落，能发酵葡萄糖、乳糖、麦芽糖、甘露醇，会产生吲哚。大肠杆菌的抗原有菌体抗原（O）、鞭毛抗原（H）、荚膜抗原（K）和菌毛抗原（F）。根据O抗原和K抗原的不同，大肠杆菌可分为许多血清型，目前已发现的O抗原有173种、K抗原有74种、H抗原有53种、F抗原有17种。常见的鸡大肠杆菌血清型是O_1、O_2、O_{78}、O_{35}。大肠杆菌对外界环境抵抗力属中等，对物理和化学因素较敏感，多数消毒药对大肠杆菌都有杀灭效果。

2. 流行病学

鸡大肠杆菌病是一种条件性疾病，在卫生、防疫条件做得好的鸡场，此病较少发生；在饲养管理不良的鸡场，此病就比较严重。此病在临床上可单独发病，也常常并发或继发于其他传染病（如鸡支原体病、鸡球虫病、禽流感等）。此病一年四季均可发生。雏鸡最易感，成鸡有一定的抵抗力。常见的传播途径可经消化道或呼吸道传播。

3. 临床症状

（1）败血症型

死亡快，皮肤淤血，血液凝固不良（为暗黑色）。病鸡食欲废绝，严重下痢（拉黄绿色稀粪），病后期严重脱水，双脚干瘪，衰竭。死亡率为10%左右。

（2）"三炎"（心包炎、肝周炎、气囊炎）型

多继发于鸡支原体病。表现咳嗽严重，拉黄绿色稀粪，消瘦，羽毛松乱，鸡冠发紫，零星死亡。遇到天气转变时，病情更严重，死亡率升高。

（3）脐炎型

多见于刚出壳几天的雏鸡。表现腹部膨大，脐孔闭合不全（图3-15），周围皮肤呈褐色，有恶臭味。死亡率可高达50%。

（4）卵黄性腹膜炎型

多继发于禽流感、传染性喉气管炎等病毒性疾病。表现精神沉郁，拉黄白色稀粪，脱肛，腹部膨大，几乎不生蛋，天气转变时鸡群死亡率偏高，病程持续长。

（5）肉芽肿型

外表无明显的临床症状，主要表现精神沉郁，生长速度较慢。

（6）眼炎型

初期表现眼睛发痒，常用鸡爪扒眼部。中后期可见眼睛肿大流泪（图3-16），严重的可见一侧或两侧眼睛肿大化脓，最终导致瞎眼（图3-17）。

图3-15　腹部膨大，脐孔闭合不全

图3-16　眼睛肿大流泪

图3-17　大肠杆菌导致瞎眼

4.病理变化

（1）败血症型

皮肤淤血、出血（图3-18），肝脏肿大、肝脏表面有散在的白色小坏死灶，肠黏膜充血、出血，肾脏肿大，肺脏出血。

（2）"三炎"（心包炎、肝周炎与气囊炎）型

消瘦，心包膜增厚、心包液混浊、心外膜有纤维性物质附着，严重的出现心包膜与心外膜粘连；肝脏肿大、肝脏表面也有一层白色纤维性渗出物附着（图3-19），有时肝脏表面也有白色坏死点；脾脏略肿大，气囊壁增厚、混浊（图3-20），严重时在腹腔内可见到黄色干酪样物质（图3-21）。

（3）脐炎型

雏鸡腹部膨大，脐孔不干，腹腔内的卵黄由正常的淡黄色变成棕色或黄绿色水样物。有些卵黄变成干酪样硬块。

（4）卵黄性腹膜炎型

卵巢变性，输卵管炎症水肿，腹腔中充满淡黄色带腥臭味的纤维素性渗出物，肠系膜

图3-18　皮肤淤血和出血

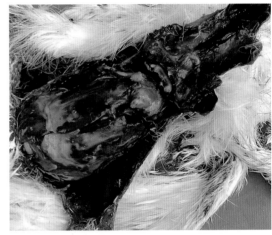

图3-19　心包炎、肝周炎

图3-20　气囊壁增厚

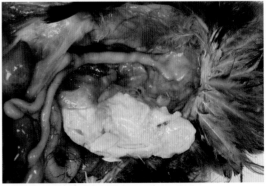

图3-21　腹腔内出现黄色干酪样物质

图 3-22　卵黄性腹膜炎

图 3-23　心脏表面出现肉芽肿

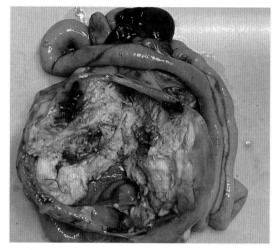

图 3-24　肠道出现大块的肉芽肿

和气囊相应地出现炎症，甚至粘连。有时在腹腔中或输卵管中可发现黄白色凝乳块物质（图 3-22）。脱肛明显，泄殖腔发炎严重。

（5）肉芽肿型

心脏、肝脏、十二指肠、盲肠、肠系膜等器官出现典型的肉芽肿（图 3-23、图 3-24），外观与鸡结核病结节、鸡马立克病的肿瘤结节很相似。

（6）眼炎型

眼睛出现肿大、化脓病理变化，严重的导致失明。

5. 诊断

（1）临床诊断

根据此病的流行病学、临床症状、病理变化可作出初步诊断，在临床上需与鸡沙门菌病、鸡败血支原体病、鸡痘等进行鉴别诊断。由于此病往往继发于其他传染病，在临床上还要对单纯性大肠杆菌病和继发性大肠杆菌病进行鉴别诊断。

（2）化验诊断

取病鸡的肝脏及其他器脏进行涂片、染色和镜检，检出革兰阴性大肠杆菌可作出初步诊断。必要时采用培养基进行细菌分离、生化试验及 PCR 诊断来鉴定血清型。

6. 防治措施

（1）预防

此病的预防首先要加强饲养管理，做好鸡舍、孵化室、育雏室的环境卫生，保持鸡舍的良好通风，温度适中，并做好定期消毒工作。第二，做好易继发大肠杆菌病的几种疫病预防工作，如鸡败血支原体病、禽流感等。鸡支原体病的预防工作做好了，鸡体内的呼吸道黏膜、气囊就比较完整，可形成一个良好的天然屏障，从而有效地预防鸡大肠杆菌病的发生。第三，在饲养过程中某些阶段，如育雏、转群、天气转变时可以在饮水或饲料中添加一些预防性中药或多种维生素，提高鸡体抵抗力，可有效预防鸡大肠杆菌病。此外，可以在饲料中添加微生态制剂，保持鸡肠道正常的微生物区系稳定，对预防此病也有较好效果。

（2）治疗

治疗大肠杆菌病的药物有很多，如氟苯尼考、甲砜霉素、盐酸环丙沙星、恩诺沙星、磺胺对甲氧嘧啶、乙酰甲喹、硫酸庆大霉素、硫酸安普霉素、硫酸黏菌素、硫酸新霉素等。但由于大肠杆菌血清型众多，且极易产生耐药性，所以在临床上有条件的地方最好要进行药敏试验，筛选出敏感药物进行治疗，可达到理想的治疗效果。在用药过程中也需考虑采用不同类型的药物进行搭配使用，或不同药物的交替使用，以达到提高药物使用的效果。病情严重时要考虑配合肌内注射氟苯尼考或盐酸环丙沙星等注射液进行治疗。

（六）鸡传染性鼻炎

鸡传染性鼻炎是由鸡副嗜血杆菌引起的一种急性上呼吸道传染病。此病以流鼻涕、肿脸、传播迅速、发病率高、对产蛋率影响较大为主要特征。

1. 病原

鸡副嗜血杆菌隶属于巴氏杆菌科嗜血杆菌属，革兰阴性，球杆菌或短杆菌，有时形成丝状，不形成芽孢，没有鞭毛，新鲜的分离菌具有荚膜，大小为（1.0~3.0）微米 ×（0.4~0.8）微米，在5%~10%二氧化碳的37℃环境下易生长，培养基用5%鸡血液肉汤或5%鸡血琼脂或巧克力琼脂，同时需要有葡萄球菌的 V 因子菌落才能较好生长，所以细菌分离时要同时接种葡萄球菌。目前，鸡嗜血杆菌有 A、B、C3 个血清型，不同血清型之间没有交叉保护，其中 A 型又分为 A₁、A₂、A₃、A₄ 亚型，C 型又分 C₁、C₂、C₃、C₄ 亚型，不同亚型之间有部分交叉保护。我国目前以 A 型为主，也存在 B 型和 C 型。此菌的抵抗力较差，在鸡体外很快死亡，对热和普通消毒剂敏感。

2. 流行病学

此病主要发生在 4 周龄以上的鸡，而雏鸡有一定的抵抗力。一年四季均可发生，但以秋冬季节较多见。传播途径有经空气传播（如飞沫传播）和通过污染的饲料、饮水、器具等间接接触传播。鸡场发生过传染性鼻炎后，此病就易形成疫源地，日后会经常反复发作。

3. 临床症状

病鸡表现精神沉郁、不吃食、流鼻涕（图 3-25）、打喷嚏、咳嗽，用手按压鼻孔可见鼻孔流出鼻液。流泪、眼睛红肿，严重时可出现上下眼睑粘连而导致病鸡失明（图 3-26）。一侧或双侧眼眶周围组织肿胀（图 3-27），进而发展到眶下窦肿大（图 3-28）。个别可出现肿头、肿脸，以及鸡冠和肉髯水肿（图 3-29），病鸡口腔黏液多（图 3-30）。产蛋鸡发病还可导致产蛋率明显下降。在笼养蛋鸡群，此病传播速度快，发病率高达 90%，死亡率 5%~20%，病程持续 7~20 天。中后期会并发或继发鸡大肠杆菌病。

图 3-25　流鼻涕

图 3-26　眼睑粘连导致病鸡失明

图 3-27　眼眶周围组织肿胀

图 3-28　眶下窦肿大

图 3-29　肉髯肿大

图 3-30　病鸡口腔黏液增多

4. 病理变化

鼻腔、眶下窦和眼结膜出现急性卡他性炎症（图3-31），面部和肉髯的皮下发生水肿，严重时鼻窦或眶下窦可流出大量黄白色干酪样物（图3-32）。气管和支气管充血出血，管内有少量分泌物。在中后期，有些病死鸡腹腔内可见卵黄性腹膜炎。

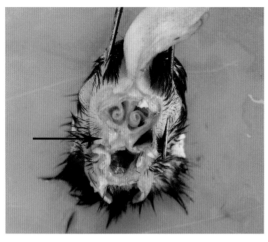

图 3-31 眶下窦出现卡他性炎症　　　　　　图 3-32 鼻窦和眶下窦有大量黄白色干酪样物

5. 诊断

（1）临床诊断

通过此病的流行病学、临床症状、病理变化可作出初步诊断。在临床上此病需与鸡败血支原体病、鸡传染性支气管炎、鸡传染性喉气管炎、H_9 亚型禽流感和鸡偏肺病毒病进行鉴别诊断。

（2）细菌培养

接种眶下窦分泌物于血琼脂平板上，再用金黄色葡萄球菌作交叉画线，置于 37℃厌氧条件培养 1~2 天，可见金黄色葡萄球菌菌落周围生长出一些半透明、露珠样的小菌落。必要时可进一步进行细菌生化鉴定和血清型鉴定。

（3）聚合酶链反应试验

采用不同血清型鸡副嗜血杆菌的引物进行 PCR 检测，确定相应血清型。

6. 防治措施

（1）预防

第一，疫苗免疫，在种鸡和产蛋鸡的开产前免疫 1~2 次相应灭活疫苗对预防此病具有较好效果，疫苗应选用本场相应血清型或多价灭活疫苗为宜。第二，要做好鸡场的卫生消毒措施和生物安全防范措施，防止病原传入，对病愈鸡要隔离饲养，在饮水中要定期添加含氯消毒药进行饮水消毒，病后鸡场还要加强定期消毒工作和生物安全工作。

（2）治疗

治疗鼻炎的药物很多，多种磺胺类药物和抗生素对此病均有效果。其中磺胺类药物是首选药物，要连续用药 5~7 天。对个别严重病鸡（如肿脸）可采用青霉素、硫酸链霉素进行肌内注射，每天 1 次，连用 2 天，有较好的治疗效果。在治疗过程中，要做好消毒隔离工作，防止病情传染给临近鸡舍或周边鸡场，同时做好药物的停药期，保障食品卫生安全。

（七）鸡坏死性肠炎

鸡坏死性肠炎是由魏氏梭菌引起的一种鸡急性传染病，又称肠毒血症。在临床上以排黑色或混有血液的稀粪为主要症状，以小肠中后段黏膜坏死为主要病理变化。

1. 病原

魏氏梭菌隶属于芽孢杆菌科梭菌属，为两端钝圆的粗大杆菌，革兰阳性，大小为（1.1~1.5）微米 ×（2.0~6.0）微米，单在或成双排列，无鞭毛，在动物体内形成荚膜，能产生与菌体直径相同的卵圆形芽孢，位于菌体中央或近端。该菌为严格厌氧菌，在血液琼脂上 37℃厌氧培养可形成圆形、光滑隆起的大菌落，呈内环完全溶血、外环不完全溶血的双重溶血现象。一般消毒药均易杀死此菌繁殖体，但芽孢抵抗力较强。

2. 流行病学

此病可发生于各种日龄鸡，以蛋鸡和种鸡多发。一年四季均可发生，其中以温暖潮湿的春夏季多发。此病的发生与鸡舍饲养密度大、鸡舍潮湿、饲料中缺乏维生素、饲料变质腐败、饲料配方中粗纤维缺乏等均有关系。

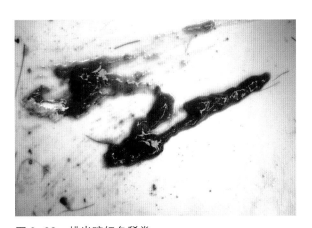

图 3-33　排出暗红色稀粪

3. 临床症状

临床上可表现为急性过程或慢性过程，其中急性病例表现突然死亡，精神沉郁，食欲减少或废绝，流涎，并排出暗红色（图 3-33）或黑色稀粪；慢性病例表现为体重减轻，消瘦，排出灰褐色稀粪，最终衰竭死亡，病程可长达 1~3 周。产蛋鸡和种鸡还表现产蛋率下降、种蛋孵化率低等临床症状。

4. 病理变化

肝脏肿大，有时肝脏表面有坏死灶，小肠肿大明显（图 3-34），小肠壁薄，容易破裂。切开小肠可见内容物呈西红

图 3-34　小肠肿大明显

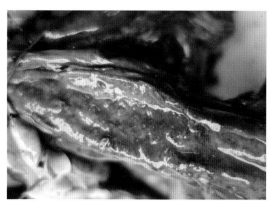

图3-35　小肠内容物呈西红柿样

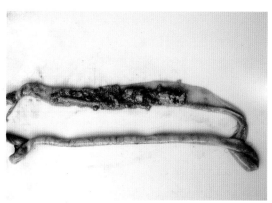

图3-36　肠黏膜表面有黄色坏死物

柿样（图3-35）或豆腐渣样，肠黏膜充血坏死，黏膜表面可见不同程度的黄色坏死物（图3-36），严重时整个肠黏膜增生坏死，呈地毯状。

5. 诊断

（1）临床诊断

通过此病的流行病学、临床症状、病理变化可作出初步诊断，在临床上要注意与慢性球虫病、肠毒综合征进行鉴别诊断。

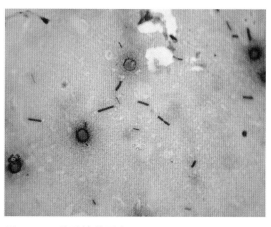

图3-37　魏氏梭菌形态

（2）化验诊断

取肝脏病灶组织进行涂片、染色、镜检，检出带芽孢的魏氏梭菌即可诊断（图3-37）。取肝脏或脾脏组织加生理盐水研磨后接种鸡胚卵黄囊，鸡胚死亡后取卵黄囊进行涂片、染色、镜检出带芽孢的梭菌。此外，还可以采集病料进行聚合酶链反应试验（PCR）诊断。

6. 防治措施

（1）加强饲养管理

在预防上要加强饲养管理，严禁使用腐败变质饲料，饲料配方中提高粗纤维比例，适当降低能量水平，并做好鸡舍的通风工作，降低饲养密度。此外，还要做好鸡球虫病、鸡大肠杆菌病等肠道疾病的防控工作。

（2）治疗措施

在治疗上，可选用杆菌肽锌、硫酸庆大霉素、硫酸新霉素、硫酸黏菌素等药物进行治疗。磺胺类药物对此病也有一定治疗效果，在用药过程要注意药物的停药期。

（八）鸡弧菌性肝炎

鸡弧菌性肝炎是由空肠弯曲杆菌引起的一种鸡细菌性传染病，又称鸡弯曲杆菌性肝炎，以肝脏出血、坏死、腹腔有积聚大量血水为特征。

1. 病原

空肠弯曲杆菌隶属于弧菌科弧菌属，革兰阴性，形态呈"S"形，大小为（0.2~0.8）微米 ×（0.5~0.6）微米，有单极鞭毛，能运动，兼性厌氧，无芽孢，能发酵葡萄糖。此菌在外界抵抗力不强，一般消毒剂均可杀死。

2. 流行病学

各种日龄鸡均可感染，但以育成鸡和产蛋初期的鸡多发。饲料或饮水受到污染（如饲料变质、昆虫或野鸟粪便的污染）是主要传染源，细菌感染后会在肠道定植，一般不表现症状。鸡群通过消化道水平传播。鸡群的转移、注射疫苗、气候突变等不良应激是此病发生的诱因。一年四季均可发生。据调查，健康鸡群中带菌率可达 20%。

图 3-38　鸡冠苍白

3. 临床症状

鸡群吃料正常，产蛋性能无明显变化，粪便也无明显异常，有时出现粪便偏稀，排出黄褐色稀粪。个别病鸡精神萎靡，鸡冠萎缩或苍白褪色，常常有体况较好的鸡只突然死亡，群体死亡率偏高，病程可持续数周。

4. 病理变化

病死鸡贫血严重，鸡冠和肉髯苍白（图 3-38），肌肉变白。肝脏肿大呈暗红色，质地较脆，肝脏被膜下有大小不等的血囊或出血灶（图 3-39、图 3-40），有些肝脏出现黄色坏死灶，腹腔内有较多不凝固的血水（图3-41）。脾脏肿大，呈暗红色，肠道外观为暗红色。

5. 诊断

（1）临床诊断

根据此病的流行病学、临床症状、

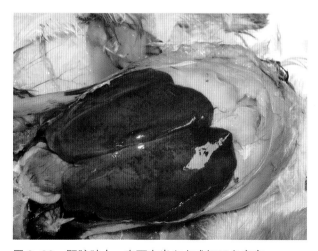

图 3-39　肝脏肿大、表面有出血点或坏死点病变

病理变化可作出初步诊断，在临床上需与鸡脂肪肝、鸡球虫病、鸡住白细胞虫病、鸡包涵体肝炎进行鉴别诊断。

（2）化验诊断

取病死鸡的肝脏进行细菌涂片、染色、镜检，或选用 Skirrow 培养基、Butzler 培养基、改良的 Campy–BAP 培养基进行细菌分离培养。必要时采用生化管或 PCR 进行细菌鉴定。

图 3-40　肝脏有大小不等的出血灶

6. 防治措施

（1）加强饲养管理

杜绝使用变质或不新鲜饲料，做好鸡场的环境卫生消毒，特别是注意鸡笼、食槽、饮水器的卫生消毒，减少或防止昆虫、麻雀等对鸡群的污染。尽量避免各种不良应激反应（如疫苗免疫接种、转群，以及气候的骤变）。

（2）治疗措施

产蛋鸡可采用双黄连等中药配合多种维生素（或维生素 K_3）进行治疗。肉鸡可采用土霉素配合多种维生素（或维生素 K_3）进行治疗，疗程要持续 5~7 天。

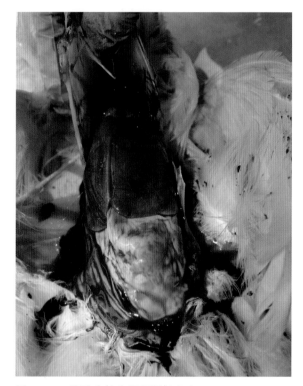

图 3-41　腹腔有较多不凝固的血水

（九）鸡绿脓杆菌病

鸡绿脓杆菌病是由绿脓杆菌引起雏鸡和青年鸡局部感染或全身性败血症的一种细菌性传染病。

1. 病原

绿脓杆菌属于假单胞菌科假单胞菌属，革兰阴性，为两端钝圆的短小杆菌，菌体一端有一根鞭毛，能运动，大小为（0.5~0.8）微米 ×（1.5~6.0）微米，单个或成双排列，有时有荚膜，不形成芽孢。该菌为需氧菌，在普通培养基上生长良好，菌落呈光滑、湿润、奶油闪光状，具蓝绿色光泽和芳香气味。此菌对外界环境抵抗力较强。

2. 流行病学

禽类、多种动物和人都易感。绿脓杆菌广泛存在于自然界。鸡绿脓杆菌病主要发生在集约化种鸡场，且多为孵化室感染。卫生条件差、器械消毒不严格的鸡场和孵化场，其环境中会污染有大量的绿脓杆菌，当接种马立克疫苗时会通过针孔造成创伤性感染。此病多见于1~5日龄雏鸡，发病率和死亡率都很高。

3. 临床症状

雏鸡往往在1日龄注射马立克疫苗后，第二天开始就突然大批发病，表现精神沉郁、不食、伏地、眼睛潮湿、脱水、全身衰竭，很快死亡。病程1~5天，呈现尖峰式死亡，死亡率25%~60%。污染严重的种鸡场几乎每批出壳雏鸡都会发病死亡。

图3-42　皮下水肿

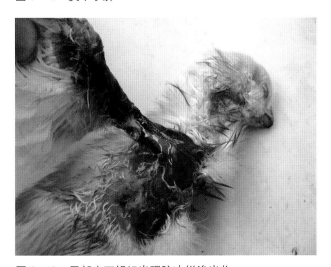

图3-43　局部皮下组织出现胶冻样渗出物

4. 病理变化

急性死亡病例无明显肉眼病变。多数死鸡在其疫苗注射部位皮下发生水肿（图3-42），局部皮下组织有黄色或黄绿色胶冻样渗出物（图3-43）。个别病例的肝脏肿大，表面有坏死灶。部分雏鸡发生单侧性眼炎、眼睑肿胀、角膜呈灰白色。

5. 诊断

（1）临床诊断

根据流行病学、临床症状、病理变化可作出初步诊断。

（2）化验诊断

取病变组织或水肿液或内脏组织，接种于普通培养基，根据菌落形态、特殊香气味及色泽，结合显微镜检查、生化试验可做出确诊。

6. 防治措施

（1）预防措施

此病目前尚无疫苗可用，控制此病的关键在于平时预防。种鸡场要严格做好种蛋、孵化器、孵化室的日常消毒工作，保持室内通风干燥。接种疫苗时使用的注射器要严格消毒。

（2）治疗措施

发病鸡在其早期使用抗生素进行治疗，可选用硫酸庆大霉素、头孢噻呋钠等，必要时采用全群肌内注射。当发病处于死亡高峰时，药物治疗效果不明显。

（十）鸡葡萄球菌病

鸡葡萄球菌病是由金黄色葡萄球菌引起的一种急性败血性或慢性传染病，临床上表现败血症、关节炎、脐炎、皮肤坏死等多种病症。

1. 病原

金黄色葡萄球菌属于葡萄球菌属，革兰阳性，呈圆形或卵圆形球菌，多为葡萄状排列，不形成芽孢，无鞭毛、无运动性。在普通培养基上即可生长，在血液培养基上产生溶血现象。该菌对外界的抵抗力强，在干燥环境中能存活几个星期，对一般消毒药也有一定抵抗力，但3%~5%碳酸和0.3%过氧乙酸对该菌有较好的杀灭效果。

2. 流行病学

此病广泛发生于世界各地。各种家禽不分品种、日龄、性别均易感，但以集约化养鸡场，特别是30~80日龄笼养或网养鸡最易发病。此病是一种条件性疾病，发病率高低与环境卫生条件及存在皮肤外伤有关，皮肤或黏膜表面的破损是主要传染途径（如接种疫苗、啄伤、刺头刮伤、断喙、刺种等）。雏鸡脐带愈合不良后也易感染葡萄球菌病。

3. 临床症状

根据此病的发病特征与感染部位可分为急性败血型、皮肤型、关节炎型及脐炎型等。

（1）急性败血型

病鸡体温升高，精神沉郁，食欲减退，羽毛逆立，闭目缩颈，呆立嗜睡。部分病鸡下痢，排出灰白色粪便。局部皮肤湿润，呈暗红色，有波动感（图3-44）。大腿内侧皮下水肿（图3-45），潴留数量不等的血样渗出物。局部羽毛脱落，有的局部自然破溃，流出暗红色液体。病鸡最后衰竭死亡，病程2~5天。这种类型多散发，但致死率较高。

（2）皮肤型

局部皮肤肿大呈黑色、湿润，有

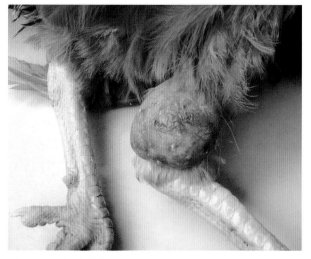

图3-44　皮肤肿大化脓

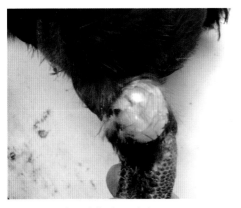

图 3-45　大腿内侧皮下肿大

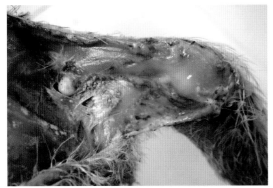

图 3-47　肌肉广泛性出血　　　　　图 3-46　关节肿大化脓

捻发音，羽毛脱落，皮肤出现坏疽性皮炎，多见于翅膀、颈部、胸部及腹部，特别是翅端可发展为坏死性皮炎，导致皮肤出现蓝色坏死，又称蓝翅病。

（3）关节炎型

多见于青年鸡和肉种鸡，表现关节肿大或脓肿（图 3-46），趾部或足垫有瘤状物，爪部皮肤坏死呈黑紫色。病鸡表现跛行，不能站立或跳跃前行。病程较长，最终病鸡逐渐消瘦，最后衰竭死亡。

（4）脐炎型

初生雏鸡脐孔愈合不良，炎症肿大，腹部肿大，脐部肿大，俗称"大肚脐"。病鸡行动迟缓，站立不稳，死亡率高。

4. 病理变化

（1）急性败血型

表现全身败血症变化，皮肤和黏膜、肌肉广泛性出血（图 3-47），肚脐、脾脏、肾脏肿大，并有白色化脓灶或坏死点，腺胃乳头和黏膜出血和坏死。

（2）皮肤型

感染局部皮肤发红、出血，并有黄色胶冻样渗出物。

（3）关节炎型

关节肿大化脓，切开流出黄色分泌物（图 3-48、图 3-49）。

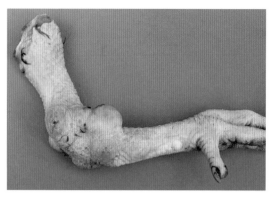 

图 3-48　关节肿大化脓　　　　　　　图 3-49　切开关节流出黄色分泌物

（4）脐炎型

脐部肿大，局部水肿炎症。

5. 诊断

（1）临床诊断

根据流行病学、临床症状、病理变化可作出初步诊断，在临床上要注意与鸡滑液囊支原体病、鸡病毒性关节炎和鸡普通外伤进行鉴别诊断。

（2）化验诊断

取病死鸡病变皮肤、渗出物、脓汁、肝脏等病料组织进行涂片、染色、镜检，检到典型的葡萄球菌可确诊。此外，还可取病料采用血液琼脂平板进行细菌分离鉴定。

6. 防治措施

（1）加强饲养管理

加强饲养管理，注意环境消毒，避免鸡只外伤。在生产过程中，要防止鸡笼架毛刺划伤皮肤，在断喙、注射、刺种时要做好消毒工作，提供全价和平衡的日粮配方，防止因缺乏营养导致皮肤炎症、干裂。

（2）治疗措施

鸡群发病后可采用硫酸庆大霉素或甲紫等进行局部处理。同时采用广谱抗生素（如阿莫西林、恩诺沙星）进行抗感染治疗。此外，还要加强鸡舍和环境卫生的消毒工作。

四、鸡真菌性及支原体性疾病

（一）鸡曲霉菌病

鸡曲霉菌病是由曲霉菌及其毒素侵害鸡造成的一种真菌性疾病。其中烟曲霉菌可导致鸡等禽类发生呼吸道炎症和肺脏、气囊形成小结节，发病率和死亡率都比较高，对养禽业危害大；而黄曲霉主要通过其霉菌毒素的长期慢性的蓄积作用，对肝脏及有关器官造成影响，本节着重介绍由烟曲霉菌造成的鸡曲霉菌病。

1. 病原

此病的病原是丛梗孢科曲霉菌属中的烟曲霉菌。该菌的结构由菌丝和孢子组成，在气生菌丝一端膨大形成顶囊，上有放射状排列小梗，并分别产生许多分生孢子，形如葵花状。此菌为需氧菌，在室温和 37~45℃ 下均能生长，在马铃薯葡萄糖琼脂或其他糖类培养基上均可生长，初期形成白色绒毛状菌落，24~30 小时后开始形成孢子，菌落呈面粉状，淡灰色或深绿色，甚至黑绿色。此菌的孢子抵抗力很强，需煮沸 5 分钟才能杀灭。

2. 流行病学

各种日龄鸡对烟曲霉菌都易感，其中以雏鸡的易感性最高，常为群发性，并呈急性经过。成年鸡仅为散发。污秽的垫料、场所、用具，以及霉变的饲料均可成为此病的传染源。饲养管理不良及卫生条件差是此病爆发的主要诱因（如温差大、通风不良、密度大、营养不平衡等）。

3. 临床症状

病鸡精神委顿、呼吸困难（以张口呼吸、头颈伸直为主）（图4-1），但很少有啰音，吃料减少、消瘦。后期会出现拉稀及并发支气管炎临床症状，若不及时处理，死亡率可达50%以上。

4. 病理变化

在肺脏、气囊，以及胸膜、腹膜上出现针头大

图 4-1 张口呼吸

小至米粒大小或绿豆大小的结节（图 4-2）。结节的颜色为灰白色、黄白色或淡绿色，质地柔软而有弹性，切开呈干酪样。肺脏上多个结节的整合可使肺组织质地变硬，并形成增生性肺炎。肝脏出现黄白色坏死点（图 4-3），有时在肺脏、肝脏、气囊或腹腔浆膜上可见成团的或成片的霉菌斑（图 4-4 至图 4-6）。

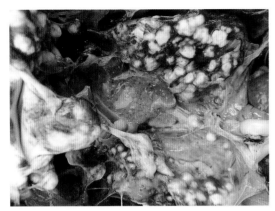

图 4-2 肺脏有黄白色霉菌结节

图 4-3 肝脏出现黄白色坏死点

图 4-4 肝脏表面有霉菌斑

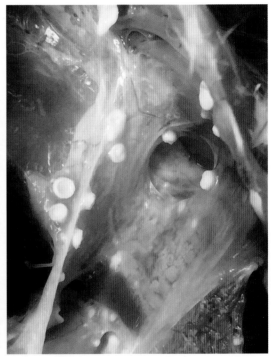

图 4-5 气囊上出现成团的霉菌斑

5. 诊断

（1）临床诊断

根据流行病学、临床症状和病理变化基本可作出初步诊断。在临床上，要注意与鸡传染性支气管炎、鸡氨气中毒进行鉴别诊断。

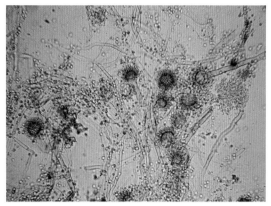

图 4-6　腹腔浆膜上出现成团的霉菌斑　　　图 4-7　培养后的孢子和孢子囊形态

（2）化验诊断

取霉菌结节放在载玻片上，滴 1~2 滴 10% 氢氧化钾溶液，待组织溶解后压片镜检，可见到烟曲霉菌的菌丝及孢子即可确诊（图 4-7）。也可取病料经处理后接种真菌培养基，7~14 天后，培养基上如长出灰绿色菌落，经镜检可确诊。

6. 防治措施

（1）预防

第一，加强饲养管理，注意通风，保持鸡舍干燥，不喂发霉饲料，垫料不能有霉变现象。当饲料中水分超过 14% 或环境中相对湿度超过 85% 时，饲料、垫料易发霉。第二，在饲料中添加一些防霉剂，防止饲料发霉。第三，加强消毒。在育雏舍进鸡苗之前可以用福尔马林熏蒸消毒或用过氧乙酸喷雾消毒。

（2）治疗

对轻度病例可选用如下药物进行治疗，制霉菌素按照成鸡每只 15~20 毫克、雏鸡每只 3~5 毫克，混于饲料中，连用 3~5 天；克霉唑按照每 100 只雏鸡 1 克混于饲料中，连用 3~5 天；硫酸铜按每升水添加 0.3 克浓度做饮水治疗，连用 3~5 天，有一定效果。严重的病例治疗效果较差。

（二）鸡念珠菌病

此病是由白色念珠菌引起的一种鸡消化道真菌病，又称霉菌性口炎、鹅口疮。

1. 病原

此病的病原为隐球酵母科念珠菌属中的白色念珠菌。菌体为圆形或椭圆形，营芽生方式繁殖，椭圆形芽生孢子的芽管延长形成假菌丝，在菌丝上生成芽生孢子，不产生子囊孢子。在培养基上培养出白色或乳白色酵母菌落。念珠菌广泛存在于外界环境，对消毒药也有很强的抵抗力。

2. 流行病学

此病可发生在 2 月龄以内的幼禽（鸡、鸭、鹅、鸽等）。随着年龄的增长，死亡率和发病率降低，耐过的往往成为带菌者。此病的发生与鸡场长期使用广谱抗生素、不卫生的饲养环境，以及鸡机体抵抗力低下有关。传播途径主要经消化道传播。恶劣的环境及过分拥挤、不良饲养管理也会诱发此病的发生。

3. 临床症状

此病无明显的临床症状。有时可见病鸡采食量减少，生长发育不良，精神差，羽毛松乱，嗉囊胀大，经常性流涎和拉稀，并有呕吐和吐酸水等临床症状。并发全身感染时，往往出现食欲废绝而衰竭死亡。

4. 病理变化

主要病变在上消化道。嗉囊胀满，嗉囊黏膜增厚，表面有白色圆形隆起的溃疡灶，在溃疡灶外面还覆盖一层黄白色坏死物（图4-8）。有时在口腔、食管和腺胃黏膜上也可见到类似病理变化（图4-9、图4-10）。

5. 诊断

（1）临床诊断

根据消化道病变可作出初步诊断。在临床上，要注意与鸡食物中毒、鸡新城疫进行鉴别诊断。

（2）化验诊断

可通过刮取嗉囊病变组织或表面渗出物做抹片检查，在显微

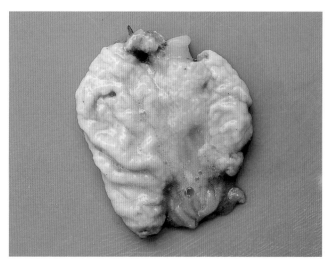

图 4-8　嗉囊黏膜增厚、表面有一层黄白色坏死物

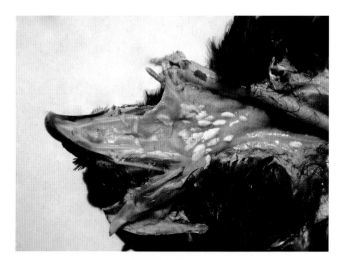

图 4-9　口腔黏膜有干酪样物沉积

图 4-10　口腔出现黄白色坏死物

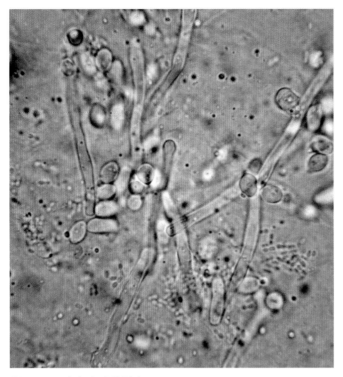

图 4-11 白色念珠菌形态

镜下镜检出真菌的菌体和假菌丝（图 4-11），即可确诊。

6. 防治措施

（1）预防

改善鸡群卫生条件，避免长期不间断地使用广谱抗生素，消除一切应激因素，饲养密度要适宜。

（2）治疗

可采用如下方案之一进行治疗。第一，按每升水添加 0.3~0.5 克硫酸铜溶液进行自由饮水，连用 3~5 天。第二，每千克饲料中添加制霉菌素 50~100 毫克，连用 2~3 周。第三，每千克饲料中添加克霉唑 300~500 毫克，连用 2~3 周。

（三）鸡败血支原体病

此病是由鸡败血支原体引起鸡出现以慢性呼吸道感染为主要特征的传染病。

1. 病原

败血支原体是属于支原体科支原体属，介于细菌和病毒之间的一类原核微生物，没有细胞壁。菌体呈卵圆形、球形、杆状等多种形态，无鞭毛，不能运动，革兰染色呈弱阴性，直径 0.2~0.5 微米。培养的菌落表面光滑、呈圆形、边缘整齐，中央有颜色较深且致密的乳突。败血支原体对外界环境的抵抗力不强，离体后易失去活力，一般消毒药均能将其杀灭。

2. 流行病学

不同日龄鸡和火鸡均能感染此病，但以 1~2 月龄鸡多见，成年鸡多数呈隐性经过和散发。此病的传播以种蛋垂直传播为主，此外也可通过水平接触传播。此病一年四季均可发生，但以寒冷潮湿、气候多变时易发。环境卫生不良、饲养密度过大、通风不好、饲料中缺乏维生素 A、长途运输、疫苗免疫等均可诱发此病。鸡患此病后易继发大肠杆菌病。

3. 临床症状

病鸡流浆液性鼻液、打喷嚏、呼吸困难、顽固性咳嗽，并有气管啰音。吃料略减少，生长速度减慢，逐渐消瘦。个别严重的病鸡可见鼻腔和眶下窦肿胀，眼球突出甚至失明（图

4-12）。拉黄绿色稀粪。发病率高，但死亡率随着饲养管理条件和继发疾病不同而异，一般为5%~30%。成年蛋鸡表现产蛋率下降，种鸡表现孵化率下降、弱雏增加。此病多呈慢性经过，病程可持续1个月以上，且随着天气变化而反复发作。

4. 病理变化

早期可见气管内积有黏液，气囊壁增厚、混浊（图4-13），并有干酪样渗出物。严重病例可见鼻腔、眶下窦内蓄积大量的黏液性或干酪样物并压迫眼球造成瞎眼。肝脏肿大、表面有一层黄白色假膜，心包膜增厚并呈乳白色。到后期此病常与大肠杆菌病混合感染，临床上常见到明显的心包炎、肝周炎、气囊炎病理变化（图4-14），肺部呈暗红色，肠道有明显的肠炎症病变（肿大）。一些病例在腹腔中可见干酪样凝乳块（图4-15）。

5. 诊断

（1）临床诊断

根据流行病学、临床症状及病理变化可作出初步诊断。在临床上，要注意与单纯性鸡大肠杆菌病、鸡传染性鼻炎、鸡痘、鸡传染性支气管炎、鸡H₉亚型禽流感等进行鉴别

图4-12 眼睛失明

图4-13 气囊壁增厚、浑浊

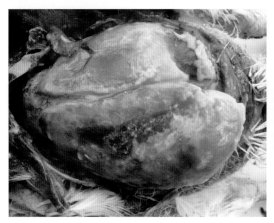

图4-14 心包炎、肝周炎、气囊炎

图4-15 腹腔可见干酪样凝乳块

诊断。

（2）化验诊断

一方面取病料进行鸡支原体培养鉴定，也可取病料进行相应的 PCR 诊断。另一方面抽取血清进行平板凝集反应，若没有免疫过支原体疫苗而出现抗体阳性，则表明该鸡场有此病的感染，这对种鸡场进行支原体净化有重要意义。

6. 防治措施

（1）预防

第一，疫苗免疫。目前鸡败血支原体疫苗有活疫苗和灭活疫苗 2 种。活疫苗主要用于 5 日龄内雏鸡接种，但由于所有的抗生素对鸡败血支原体活疫苗均有杀灭作用，会影响免疫效果，所以目前活疫苗使用率不高。灭活疫苗对此病有一定的免疫保护作用，目前只有在种鸡群使用。第二，药物预防。由于鸡败血支原体多数由种蛋垂直传播造成，所以药物预防应安排在早期进行且要多用几个疗程。如 5~50 日龄育雏期间安排 2~3 个疗程的预防性用药，具体用药包括大环内酯类药物（如酒石酸泰乐菌素、磷酸替米考星等）与延胡索酸泰妙菌素等药物。第三，加强饲养管理。坚持"全进全出"管理制度，定期消毒，降低饲养密度，注意通风，防止饲养环境的过热或过冷。此外，还要做好种鸡的净化工作，尽量减少此病经蛋垂直传播。

（2）治疗

对已发病的鸡群可选择使用敏感药物进行治疗，如红霉素、酒石酸泰乐菌素、延胡索酸泰妙菌素、吉他霉素、磷酸替米考星等，土霉素、盐酸多西环素、盐酸大观霉素等对此病也有一定效果。对于有明显大肠杆菌病并发感染的病例要结合使用氟苯尼考或硫酸安普霉素进行治疗。对于严重的病例（如死亡率较高），可在饮水或拌料用药的基础上，再结合肌内注射氟苯尼考或硫酸庆大霉素或盐酸林可霉素－盐酸大观霉素等药物，控制继发感染，降低死亡率。

（四）鸡滑液囊支原体病

此病是由鸡滑液囊支原体引起鸡出现以软脚、消瘦和龙骨囊肿为主要症状的一种传染病。

1. 病原

鸡滑液囊支原体是属于支原体科支原体属。菌体呈卵圆形、球形、杆状等多种形态，无鞭毛、直径 0.2~0.5 微米，仅有一个抗原型，但致病力因菌株不同而有所差异。病原菌对关节、滑液囊及呼吸道器官组织有亲嗜性。培养出的菌落与败血支原体菌落类似，但中央乳突会相对大些。此病原菌对外界环境的抵抗力也不强。

2.流行病学

此病主要感染鸡和火鸡。多见于4~16周龄鸡，慢性感染病例可见于任何日龄。此病的传播途径主要是经种蛋垂直传播，也可以经水平传播（如呼吸道、传播媒介）。发病率10%~50%，死亡率1%~10%，与鸡败血支原体病相比，死亡率相对较低些。

3.临床症状

病鸡表现软脚，跛行（图4-16），关节和爪垫肿胀（图4-17至图4-19），常伴胸骨囊肿，同时还表现生长缓慢，消瘦，羽毛松乱，鸡冠发育不良。常排出带尿酸盐的黄绿色粪便。有时鸡群还有轻度的呼吸道啰音。病鸡最终因消瘦衰竭而死亡。感染滑液囊支原体的蛋鸡或种鸡产蛋性能不好，同时经常可见部分鸡蛋两端变得粗糙，蛋壳质量变差。

图4-16 软脚、跛行

图4-17 关节肿大

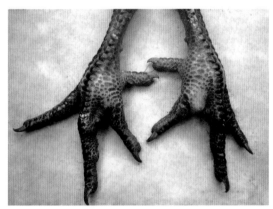

图4-18 爪垫肿胀

图4-19 关节和爪垫肿胀

图4-20 跗关节积有黏稠渗出物

4. 病理变化

跗关节、趾关节、龙骨滑膜囊内积有黏稠的渗出物（图4-20、图4-21），严重时龙骨囊肿（图4-22），内有干酪样渗出物（图4-23、图4-24）。随着病程的发展，在腱鞘内、肌肉内、气囊上均可见到干酪样渗出。肾脏肿大且有大量尿酸盐沉积并呈斑驳状。有呼吸道症状的还可见气囊混浊病理变化。

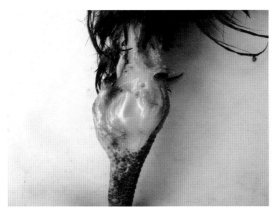

图4-21　跗关节内有黏稠渗出物

图4-22　龙骨肿大、有炎症渗出

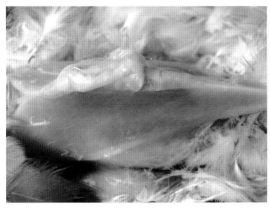

图4-23　龙骨囊肿、囊内有干酪样渗出物

图4-24　龙骨囊肿、囊内有大量干酪样渗出物

5. 诊断

（1）临床诊断

通过流行病学、临床症状及病理变化可作出初步诊断。在临床上，要注意与鸡葡萄球菌病、鸡病毒性关节炎鉴别诊断。

（2）化验诊断

早期采取上呼吸道黏膜或病死鸡关节等病变组织进行PCR诊断，此外也可采用鸡滑液囊支原体的病原分离鉴定和抽血进行相关血清抗体检测诊断。

6. 防治措施

（1）预防

第一，疫苗免疫。采用滑液支原体灭活疫苗对种鸡和15日龄雏鸡进行免疫接种。第二，药物预防。在 8~70 日龄育雏期间，选用酒石酸泰乐菌、磷酸替米考星、延胡索酸泰妙菌素、盐酸多西环素等药物进行 3~4 个疗程预防，每个疗程持续 5~7 天，间隔 20 天重复使用一次。

（2）治疗

治疗方法参考鸡败血支原体病相关内容。此外，对病鸡群可采用大剂量的青霉素钠和硫酸链霉素混合肌内注射 1~2 次，或采用盐酸林可霉素—盐酸大观霉素或硫酸卡那霉素配合细胞转移因子混合肌内注射 1~2 次，具有较好的治疗效果。

（五）鸡冠癣

鸡冠癣是由鸡毛癣菌寄生在鸡冠、肉髯等无毛皮肤上形成的一种皮肤真菌病。

1. 病原

鸡毛癣菌属于毛癣菌属，为异养真核生物，具有细胞核，能产生孢子，营腐生或寄生生活。通过无性繁殖产生分生孢子，引起鸡冠皮肤病变。菌体由菌丝和孢子组成。潮湿及适宜的温度有利于菌体繁殖。

2. 流行病学

鸡、火鸡及野鸟均会感染，多见于成年鸡，以野外放牧鸡多见，潮湿与密闭环境有利于此病发生。一年中以夏秋季节发病率高。传播途径以接触传播为主。

3. 临床症状

在鸡冠、肉髯等无毛皮肤外出现灰白色小结节，随着病情发展病灶会逐渐扩大至整个鸡冠或肉囊，有时病灶会不断蔓延波及整个鸡头部，甚至身体其他部位，表面覆盖一层石棉状白膜，用手触摸会脱落（图 4-25、图 4-26）。严重时皮肤增厚甚至炎症渗出形成黄褐色痂皮（图 4-27、图 4-28）。有的还会侵害上呼吸道和消化道黏膜。一般对鸡生长和生产无明显影响，很少会致死亡。

图 4-25　鸡冠及颜面出现一些白膜

图 4-26　鸡冠及颜面出现大量白膜

图 4-27　鸡冠出现黄褐色痂皮

图 4-28　鸡冠出现大量黄褐色痂皮

4. 病理变化

鸡冠、肉髯等皮肤出现白膜，有时继发细菌感染导致局部炎症。严重的病例在呼吸道和消化道黏膜表面形成干酪样覆盖物。其他内脏器官无明显病变。

5. 诊断

（1）临床诊断

根据流行病学、临床症状及病理变化可作出初步诊断。在临床上要注意与鸡葡萄球菌病鉴别诊断。

（2）化验诊断

刮取鸡冠病变部位表面白膜，加 1~2 滴 10%~20% 氢氧化钾溶液，在弱火焰上微热，待其软化透明后，覆以盖玻片，在显微镜可观察到菌丝及小分生孢子即可诊断。

6. 防治措施

（1）预防

首先，要控制传染源，不要让鸡群到比较阴暗潮湿地方放牧。其次，要加强饲养管理，搞好环境卫生，定期消毒饲养环境，防止鸡冠受外伤。

（2）治疗

采用过硫酸氢钾按一定比例稀释后对局部进行清洗或采用外喷洒，每天 1 次，连续 3~5 天。此外，可在局部外涂克霉唑或酮康唑乳膏。同时要对病鸡进行隔离，防止传染给其他鸡只。

五、鸡寄生虫疾病

（一）鸡球虫病

鸡球虫病是一种或多种球虫寄生于鸡的肠黏膜上皮细胞而引起的一种急性或慢性原虫病。该病分布广泛，发生普遍，危害十分严重。

1.病原

鸡球虫属于艾美耳科艾美耳属。目前，寄生在鸡体内的球虫有9种，分别是柔嫩艾美耳球虫、毒害艾美耳球虫、堆形艾美耳球虫、布氏艾美耳球虫、巨型艾美耳球虫、变位艾美耳球虫、和缓艾美耳球虫、早熟艾美耳球虫及哈氏艾美耳球虫，每种球虫的寄生部位、致病性、形态结构有所不同，其中柔嫩艾美耳球虫寄生于盲肠，其他的种类寄生于小肠。

2.流行病学

各种品种、各种日龄鸡对球虫均有易感性。其中以3月龄以内，特别是15~60日龄的鸡最易爆发球虫病，可造成大面积发病、死亡。成年鸡往往成为隐性带虫者和传染源。此病的传播途径是消化道，即易感鸡啄食了感染性卵囊经7~10天感染发病。此病一年四季均可发生，但在春季雨水多、环境潮湿时，发病率相对较高。此外，此病的发生与卫生条件、饲养管理不当及某些传染病的存在（如鸡传染性法氏囊病、鸡马立克病等）也有一定关系。在地上平养的发病率高，在架子上或笼上饲养的发病率低。

3.临床症状

根据病程长短，鸡球虫病可分为急性球虫病和慢性球虫病；根据寄生部位，鸡球虫病可分为盲肠球虫病、小肠球虫病和混合型球虫病。

（1）急性型

病鸡精神委顿，羽毛松乱（图5-1），吃料和饮水减少，拉黄白色、黄褐色稀粪（图5-2）或血便（图5-3），泄殖腔周围的羽毛被粪便污染而粘连在一起。同时鸡冠苍

图5-1　病鸡精神委顿，羽毛松乱

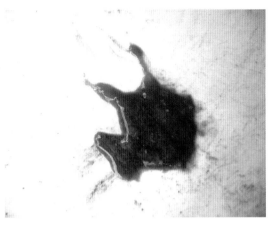

图 5-2　排出黄褐色稀粪

图 5-3　鸡球虫病出现拉血便

图 5-4　鸡冠苍白贫血

图 5-5　盲肠肿大、出血

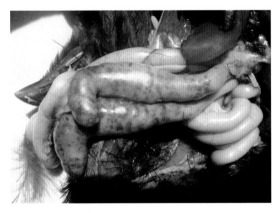

图 5-6　盲肠肿大

白贫血（图5-4），消瘦，腿无力，死亡快。若治疗不及时，死亡率可达50%~80%。在临床上，盲肠球虫和小肠球虫都会表现为急性型。

（2）慢性型

多见于4~6月龄以上的成鸡或急性球虫病后期，病程长，可持续数周。表现拉黄褐色（如巧克力样）稀粪，病鸡逐渐消瘦，鸡冠苍白，死亡率相对较低。在临床上，慢性型多见于小肠球虫。

4. 病理变化

（1）盲肠型球虫

主要病理变化在盲肠。可见一侧或两侧盲肠显著肿大（为正常的3~5倍）（图5-5、图5-6），内充满暗红色血液或凝固血块（图5-7）。盲肠黏膜上有点状或弥漫性出血。

有时盲肠黏膜变厚与血凝块混合凝固成坚硬的"肠栓"。小肠无明显病理变化，直肠有轻度出血。

（2）小肠球虫

主要病理变化在小肠。可见小肠肿大明显（图5-8），小肠壁扩张、肥厚，肠浆膜和黏膜上有明显的灰白色坏死点或红色出血点（图5-9），严重时可见肠壁弥漫性出血。肠

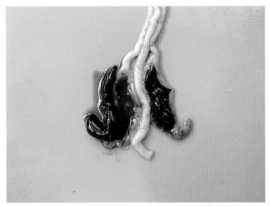

图5-7　盲肠内有血凝块

图5-8　小肠肿大出血

图5-9　小肠黏膜有白色坏死和红色出血

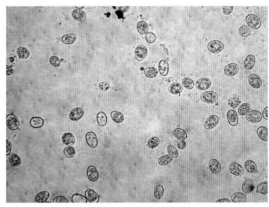

图5-10　鸡球虫卵囊形态

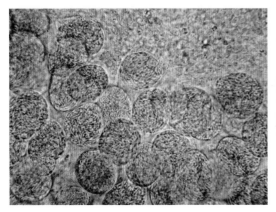

图5-11　鸡球虫裂殖体形态

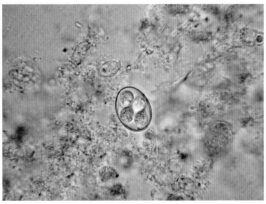

图5-12　鸡球虫孢子化卵囊形态

腔中充满凝固的血液，肠管外观看似淡红色或红褐色。

（3）混合型球虫

在盲肠和小肠均可见到典型的肿大和出血病理变化。对于成鸡慢性病例，则在盲肠或小肠内可见到黄褐色浓稠状内容物或西红柿样内容物。

5. 诊断

（1）临床诊断

根据临床症状、病理变化基本可作出初步诊断。在临床上，此病要注意与鸡肠毒综合征、鸡中毒进行鉴别诊断。

（2）化验诊断

刮取病理变化段肠黏膜或肠内容物进行镜检，检到球虫的卵囊（图5-10）、裂殖体（图5-11）、裂殖子等即可确诊。至于是哪一种球虫，需对卵囊进行培养后根据孢子化卵囊形态（图5-12）进行鉴定。在临床上许多球虫病是由两种或两种以上球虫共同感染引起的，也有不少病例不是单独的球虫病，而是与其他疾病并发（如鸡马立克病、鸡传染性法氏囊病等），此时就需要进行鉴别诊断，判断以哪种疾病为主。

6. 防治措施

（1）预防

第一，加强饲养管理。保持鸡舍干燥、通风，做好鸡场卫生消毒工作，有条件的要对地面和用具进行火焰消毒，定期清除粪便并采取堆积发酵。在球虫多发期间（15~60日龄）不要饲喂过量的多种维生素或B族维生素。有条件的鸡场尽量采用网上饲养（可养到40~45日龄），可大大地降低球虫病的发病率。第二，球虫疫苗预防。3~5日龄雏鸡可通过饮水、滴嘴等方法进行鸡球虫活疫苗的接种，可明显降低鸡球虫病的发生。第三，药物预防。从10~15日龄开始定期（每隔7~10天）饲喂抗球虫药物进行预防，用药的种类和剂量参考治疗用量。

（2）治疗

目前治疗鸡球虫病的药物种类很多，这些球虫药可单独使用或2~3种配伍使用。常见的有以下几种。

①盐酸氨丙啉：用于抑制球虫第一代裂殖体形成裂殖子效果好，本品毒性较小，安全范围大。混饮按每1000升水添加600克，连用3~5天。临床上可配伍磺胺喹恶啉一起使用提高治疗效果。

②盐霉素钠：多用于预防性用药。混饲按每1000千克饲料添加60克。注意本品不能与延胡索酸泰妙菌素配伍使用，否则会出现中毒反应。

③马杜霉素：混饲按每1000千克饲料添加5克。用于治疗和预防的效果都比较好，但安全范围小，超量易造成中毒反应。

④地克珠利：混饲按每1000千克饲料添加1克，混饮按每1000毫升水添加0.5~1毫克，对盲肠球虫效果好。本品安全范围大，不易造成中毒反应。

⑤妥曲珠利（百球清）：混饮按每1000毫升水添加25毫克，对盲肠、小肠球虫均有

较好效果。

⑥磺胺类：如磺胺氯吡嗪钠、磺胺间甲氧嘧啶、磺胺对甲氧嘧啶、磺胺喹噁啉、磺胺二甲嘧啶等。具体用量按说明使用。使用磺胺类抗球虫药时不能与复合维生素 B 混合使用，否则会降低抗球虫药效果，也易导致球虫病的爆发。

⑦尼卡巴嗪：混饲按每 1000 千克饲料添加 125 克，是预防球虫病的物美价廉药物。但在天气炎热时不能使用本品，否则会影响鸡体散热功能而导致鸡中暑死亡。

⑧氯羟吡啶：混饲按每 1000 千克饲料添加 125 克，本药易造成耐药性。

⑨氢溴酸常山酮：混饲按每 1000 千克饲料添加 3 克，主要用于鸡，水禽不能用。

除了拌料、饮水外，对严重病例（不吃料或不饮水）可采用磺胺间甲氧嘧啶钠注射液或青霉素钠进行肌内注射，每天 1 次，连打 2 次，具有较好的治疗效果。

（二）鸡组织滴虫病

鸡组织滴虫病是由火鸡组织滴虫引起鸡出现盲肠发炎、肝脏坏死的一种急性原虫病，又称鸡盲肠肝炎或鸡黑头病。

1. 病原

火鸡组织滴虫属于单尾滴虫科组织滴虫属。虫体近似球形、直径 3~16 微米，有 1 条粗壮的鞭毛，虫体内有 1 个大的小盾和 1 个轴索；细胞核呈球形。虫体以二分裂进行繁殖，寄生于盲肠内的组织滴虫被盲肠内的异刺线虫吞食后，进入异刺线虫卵巢中存在其虫卵内，当异刺线虫排出虫卵时，组织滴虫也随之排出。当鸡吞入异刺线虫虫卵时，组织滴虫也进入鸡内定植于盲肠和肝脏中，导致其发生相应病变。

2. 流行病学

2~16 周龄的鸡和火鸡最易感，成年鸡则无明显的临床症状，可成为带虫者。传播途径主要通过消化道感染。异刺线虫不仅是组织滴虫的储藏宿主，而且还是传播者。此外，蚯蚓由于吞食异刺线虫的虫卵也会成为此病的传播者，受污染的饲料、饮水、土壤也可能是此病的传染源。鸡群的拥挤、环境卫生差、饲料营养不良均可诱发此病。此病在温暖、潮湿的夏秋季节

图 5-13　鸡冠呈黑色

较多发。

3. 临床症状

此病的潜伏期 15~21 天。病鸡表现精神委顿，食欲减少，羽毛松乱，下痢，严重时可排出血便，鸡冠和肉髯呈黑色或暗紫色（图 5-13），病程 1~3 周。3~12 周龄的小鸡死亡率可高达 50%，病愈鸡或 5~6 月龄以上成鸡多为隐性带虫，其粪便会不断污染环境。

4. 病理变化

剖检病变主要局限在盲肠和肝脏。一侧或两侧盲肠变得粗而硬，肠壁增厚如香肠样，内为干酪样栓塞（图 5-14），横断面呈同心圆状，盲肠黏膜发炎、出血明显。肝脏肿大，肝脏表面形成一些圆形或不规则的中间凹陷的溃疡病灶（图 5-15），溃疡灶为淡黄色或灰绿色。其他内脏病变不明显。

5. 诊断

（1）临床诊断

根据此病特征性的病理变化可作出初步诊断。在临床上，要注意与鸡包涵体肝炎、鸡慢性球虫病进行鉴别诊断。

（2）化验诊断

取盲肠内容物进行镜检，如检出活动的组织滴虫（图 5-16）即可确诊。

6. 防治措施

（1）预防

平时要做好鸡场的环境卫生和消毒工作，雏鸡最好采用网上饲养，避免接触到地面和传染源。定期对鸡群进行异刺线虫的驱虫工作。对经常发生此病的鸡场，可在 20~50 日龄期间定期添加药物进行预防。

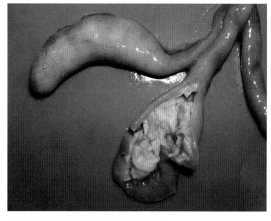

图 5-14　盲肠内有干酪样栓塞

图 5-15　肝脏表面出现圆形或不规则坏死灶

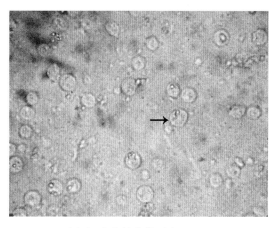

图 5-16　鸡组织滴虫的虫体形态

（2）治疗

可选用甲硝唑（按每千克饲料添加 200~400 毫克，连用 3~5 天）或地美硝唑（按每千克饲料添加 200~400 毫克，连用 5 天）进行治疗，有较好效果。有时使用地克珠利配合磺胺类药物治疗也有一定效果。

（三）鸡住白细胞虫病

此病是由卡氏住白细胞虫或沙氏住白细胞虫寄生于鸡白细胞和红细胞内而引起的一种血液原虫病，又称鸡白冠病。

1. 病原

卡氏住白细胞虫属于住白细胞虫科住白细胞虫属。成熟的配子体近圆形，大配子体的直径为 12~14 微米，有一个直径 3~4 微米的核；小配子体的直径为 10~12 微米，核直径也为 10~12 微米，故整个细胞几乎全被核所占。宿主细胞的直径为 13~20 微米，细胞核形成一深色狭带，围绕虫体 1/3。

沙氏住白细胞呈纺锤形，细胞核呈深色狭长的带状，围绕着虫体的一侧。大配子体的大小为 22 微米 ×6.5 微米，呈深蓝色，色素颗粒密集，褐红色的核仁明显。小配子体的大小为 20 微米 ×6 微米，呈淡蓝色，色素颗粒稀疏，核仁不明显。

2. 流行病学

任何日龄鸡均能感染此病。其中 2~6 周龄的雏鸡、成年蛋鸡、种鸡最为常见。此病的发生具有明显的季节性，即每年的 5~10 月份多发，尤其以 5~6 月份比较多。此病的传播需要吸血昆虫（库蠓和蚋）作为传播媒介。当库蠓或蚋吸食鸡血液时，住白细胞虫的孢子就随库蠓和蚋的唾液进入鸡体内的肝脏、脾脏、淋巴结等器官进行无性繁殖，发育成裂殖体、裂殖子和配子体，这些裂殖子和配子体再次被库蠓和蚋吸血后在其体内进行有性繁殖产生孢子。整个发育周期只需十几天。库蠓是卡氏住白细胞虫的中间宿主；蚋是沙氏住白细胞虫的中间宿主。

3. 临床症状

（1）雏鸡（2~6 周龄）

病鸡鸡冠苍白，食欲减少，拉黄绿色稀粪，个别有口吐鲜血表现，体重减轻，逐渐衰竭而死。发病率 5%~30%，死亡率 10%~50%。在放牧肉鸡多见。

图 5-17　鸡冠苍白

（2）产蛋鸡

病鸡鸡冠偏白，严重的表现为苍白色（图 5-17），粪便为黄绿色或青绿色（图 5-18），采食量略减少，产蛋率逐渐下降，蛋壳质量变差（出现较多薄壳蛋和麻点蛋）（图 5-19），每天出现零星死亡病例。每年多见于 5~10 月份。

4. 病理变化

（1）雏鸡

消瘦、肌肉苍白、血液稀薄、脾脏略肿大（表面有斑驳状），胸肌和腿肌有点状出血囊（图 5-20、图 5-21），肾脏表面大片出血（图 5-22），心脏、胰腺、肠系膜及腹腔脂肪等器官有许多灰白色或红色出血囊（图 5-23 至图 5-27）。

（2）产蛋鸡

除鸡冠苍白、血液稀薄外，脾脏肿大 2~5 倍，表面呈现斑驳状（图 5-28），肝脏、腹腔脂肪、胰腺、肠系膜、输卵管内侧均

图 5-18 拉绿色粪便

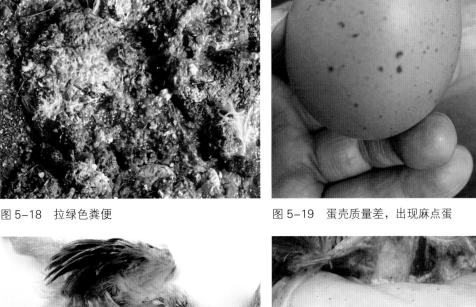

图 5-19 蛋壳质量差，出现麻点蛋

图 5-20 胸肌、腿肌有大量点状出血囊

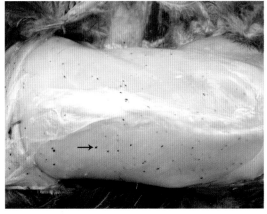

图 5-21 胸肌出现大量出血囊

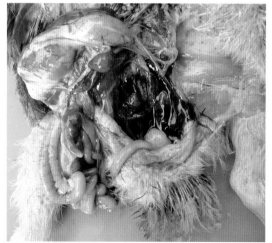

图 5-22　肾脏出血

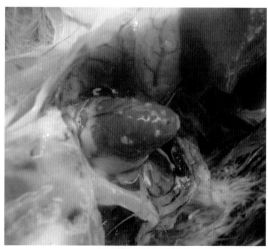

图 5-23　心脏表面有灰白色出血囊

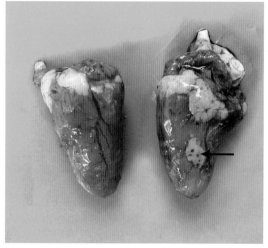

图 5-24　心肌表面有出血囊

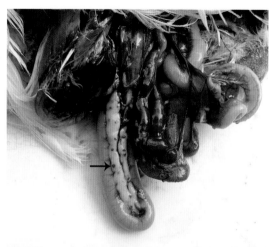

图 5-25　胰腺有出血囊

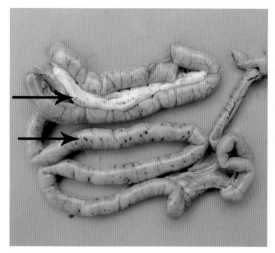

图 5-26　肠壁有出血囊

图 5-27　腹腔脂肪有出血囊

图 5-28　脾脏肿大、表面呈斑驳状

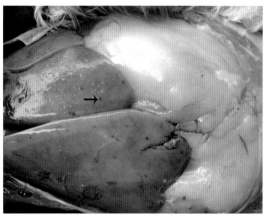

图 5-29　鸡肝脏表面有出血囊

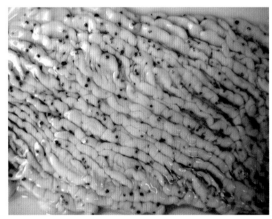

图 5-30　输尿管内侧有大量出血囊

图 5-31　肠管呈粉红色

出现许多的小出血囊（图 5-29、图 5-30），有时这些器官上还出现灰白色小结节，肠壁充血呈粉红色（图 5-31）。

5. 诊断

（1）临床诊断

根据流行病学、临床症状、病理变化可作出初步诊断。在临床上，要注意与鸡脂肪肝、鸡皮刺螨病、鸡营养缺乏进行鉴别诊断。

（2）化验诊断

确诊可取小出血囊进行压片，或取鸡血进行涂片后再用姬姆萨染色，在显微镜下检查到白细胞或红细胞内有不同发育阶段的虫体（图 5-32、图 5-33），即可确诊。

6. 防治措施

（1）预防

第一，在库蠓和蚋传播媒介流行季节（5~10月份）做好鸡舍内外蚊虫的消灭工作。一般在晚间或清晨用溴氰菊酯喷洒鸡舍和周围环境，每周 1~2 次。第二，在此病流行季节

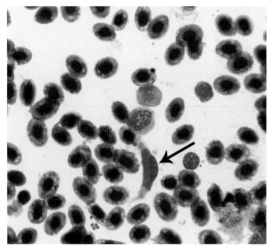

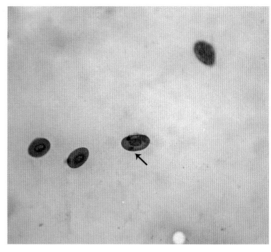

图 5-32　住白细胞虫形态　　　　　　　图 5-33　红细胞内虫体形态

于饲料中定期地添加磺胺间甲氧嘧啶钠（每 1000 千克饲料添加 200 克，连用 5 天）。也可采用中药（青蒿、常山等）进行预防。第三，采用全封闭式鸡舍，防止蚊虫飞入，可从根本上预防此病。

（2）治疗

发生此病时要在饮水或饲料中添加磺胺间甲氧嘧啶钠（每 1000 千克料添加 300 克，连用 3~4 天）。对个别精神差、不吃料的病鸡可肌内注射磺胺嘧啶钠注射液。此病治疗好后一段时间，由于天气转变或库蠓等蚊虫再度叮咬时可使此病再度复发，还需重复用药治疗。此外，也可采用中药（青蒿、常山等）进行治疗。

（四）鸡隐孢子虫病

鸡隐孢子虫是由贝氏隐孢子虫或火鸡隐孢子虫寄生于鸡的法氏囊、泄殖腔和呼吸道或肠道的一种原虫病。

1. 病原

贝氏隐孢子虫属于隐孢子科隐孢子虫属。卵囊大小为（5.2~6.6）微米 ×（4.6~5.6）微米，呈卵圆形，卵囊壁光滑，无色，无卵膜孔，无极粒，无孢子囊。孢子化卵囊内含 4 个裸露的香蕉形子孢子和 1 个颗粒状残体。

火鸡孢子虫也属于隐孢子科隐孢子虫属。卵囊大小为（4.5~6.0）微米 ×（4.2~5.3）微米，其他形态结构与贝氏孢子虫类似。

2. 流行病学

贝氏隐孢子虫可感染鸡、火鸡、鸭、鹅、鸵鸟及其他鸟类，主要寄生于呼吸道、法氏囊、泄殖腔等部位上皮细胞内，但不感染哺乳动物；火鸡隐孢子虫感染火鸡及其他禽类，也可以感染哺乳动物和人类。发育史与球虫基本相似，在体内需经裂殖生殖、配子生殖和孢子生殖3个发育阶段。感染途径由污染的食物和饮水经消化道传播。一年四季均可发生，以春、夏、秋温暖多雨季节多发。

3. 临床症状

鸡隐孢子虫病主要引起鸡的呼吸道症状，偶尔也引起肠道、肾脏功能障碍。呼吸道症状表现为精神沉郁、嗜睡、厌食、消瘦、咳嗽、打喷嚏、啰音、呼吸困难（图5-34）和结膜炎等。有些表现消瘦、腹泻症状。

4. 病理变化

剖检可见病死鸡的鼻腔、鼻窦、气管黏液分泌过多，眼结膜水肿、充血，鼻窦肿大，肺脏有灰白色斑，气囊混浊，法氏囊萎缩。有些肠道肠绒毛出现萎缩，肠壁出现炎症及坏死病变。

5. 诊断

（1）临床诊断

隐孢子虫病在临床上多数为隐性感染，只有少数出现典型的呼吸道或肠道症状表现，易与多数呼吸道疾病或肠道疾病相混淆。

（2）化验诊断

取粪样5克加水15~20毫升，用260孔筛网过滤后，加饱和蔗糖进行漂浮集卵，蘸取上层液膜进行镜检，检出卵囊即可诊断（图5-35）。此外，也可采用改良抗酸染色法、血清学（ELISA）诊断法和PCR检测进行诊断。

图5-34 病鸡出现呼吸困难

6. 防治措施

（1）预防

要加强卫生管理，防止饲料和饮水受到污染，提高鸡体的自身抵抗力和抗病力。要加强公共卫生管理，防止火鸡隐孢子虫对人类健康构成威胁。

（2）治疗

目前，该病尚无十分有效的

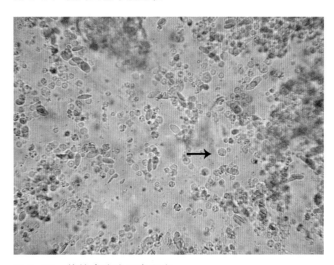

图5-35 镜检出隐孢子虫卵囊

药物进行治疗。有报道，采用大蒜素对隐孢子虫的治疗有一定效果。此外，采用中药提取物（青蒿素、常山酮等）对此病也有一定效果。

（五）鸡蛔虫病

鸡蛔虫病是由鸡蛔虫寄生于鸡小肠内的一种常见寄生虫病。

1. 病原

鸡蛔虫虫体较大，头端有3片唇（图5-36）。雄虫大小（26~70）毫米×（1.3~1.5）毫米，雌虫大小（65~110）毫米×（1.4~1.5）毫米，雄虫尾端有明显的尾翼，并有一个圆形或椭圆形的肛前吸盘，有尾乳突10对，交合刺1对。雌虫尾部较尖（图5-37）。雌虫的阴门开口于虫体中部，肛门距尾端1.3毫米。虫卵呈椭圆形，大小为（70~90）微米×（47~51）微米，壳厚而光滑，新排出时虫卵内含单个胚细胞（图5-38）。

图5-36 鸡蛔虫的头节形态

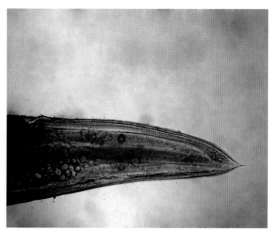

图5-37 鸡蛔虫的雌虫尾部形态

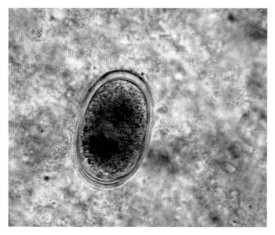

图5-38 鸡蛔虫的虫卵形态

图5-39 鸡蛔虫病导致小肠阻塞病变

2. 流行病学

鸡蛔虫病主要发生于 2~12 月龄鸡，其中 2~4 月龄的鸡最易感，病情也较重。不同品种的鸡对蛔虫易感性有所不同。饲养条件与此病感染率关系很大，其中放牧饲养的鸡感染率明显高于舍饲鸡。

3. 临床症状

病鸡生长发育不良，精神委靡，行动迟缓，鸡冠苍白，食欲基本正常或略减少，逐渐消瘦，有时可见拉稀，粪中可见蛔虫排出。严重的可因衰竭或因十二指肠被蛔虫阻塞而死亡。4 月龄以上大鸡对此病的抵抗力逐渐增强，1 年以上的成年鸡一般较少感染或不表现明显的临床症状。

4. 病理变化

小肠肿大明显（图 5–39），肠黏膜充血、出血，肠内充满大量蛔虫（图 5–40），严重时虫体可缠绕成团，造成肠道阻塞。有时在肌胃、腺胃、食道、肝脏内也可见到虫体（图 5–41、图 5–42），有时可出现因肠穿孔引起腹膜炎或蛔虫移行到肝脏造成异物性肝炎。鸡体发育不良，胸骨突出明显。

5. 诊断

根据临床症状及肠内检出大量蛔虫即可作出诊断。必需时可采集粪便进行虫卵检查。

6. 防治措施

（1）预防

鸡舍及其活动场上的粪便要经常清扫干净，并采用堆积发酵方法杀死虫卵。有

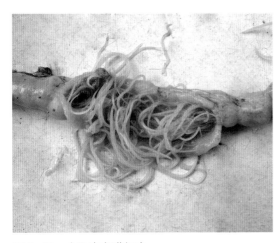

图 5–40　小肠内充满蛔虫

图 5–41　肌胃内存在鸡蛔虫

图 5–42　肝脏内存在鸡蛔虫

条件的鸡场可采取"全进全出"饲养模式，避免小鸡和大鸡混养。小鸡饲养到 40 日龄左右要进行首次驱虫，间隔 1~2 个月后再重复驱虫 2~3 次。

（2）治疗

治疗鸡蛔虫的药物较多，常用的有盐酸左旋咪唑（按每千克体重 7.5~15 毫克进行拌料）、阿苯达唑（按每千克体重 30 毫克拌料一次饲喂）或阿维菌素、伊维菌素（按每千克体重 0.3 毫克剂量进行拌料治疗）。此外，哌嗪类驱虫药对鸡蛔虫也有较好的治疗效果。

（六）鸡异刺线虫病

鸡异刺线虫病是由异刺线虫寄生于鸡盲肠内导致的一种常见寄生虫病，又称鸡盲肠虫病。

1. 病原

鸡异刺线虫属于异刺科异刺属。虫体小，白色（图 5-43），头端略向背面弯曲（图 5-44），有侧翼，食道球发达。雄虫长 7~13 毫米，末端刺状（图 5-45、图 5-46），生殖孔位于虫体中央稍后方。雌虫尾端尖细（图 5-47），虫卵呈椭圆形、灰褐色、壳厚、卵内有单个胚细胞（图 5-48），虫卵大小为（65~80）微米 × （35~46）微米。虫卵发育到成虫需 24~30 天，成虫寿命 1 年。感染性虫卵可直接被鸡采食而感染，或被蚯蚓吞食后，在蚯蚓体内长期生存。当鸡吃到这种蚯蚓时，也会感染。

2. 流行病学

鸡异刺线虫可以感染鸡、鸭、鹅或其他禽类，主要发生于野外放牧鸡群。一年四季均可发生，以 7~8 月份最多。鸡群感染与放牧地土壤中存在感染性虫卵或蚯蚓有关。

3. 临床症状

轻度感染时，鸡只不表现明显的临床症状，吃食和粪便基本正常。严重感染时，鸡只

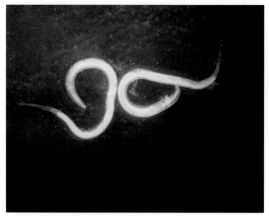

图 5-43　虫体形态

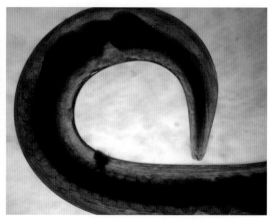

图 5-44　头部形态

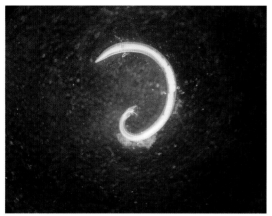

图 5-45　雄虫形态

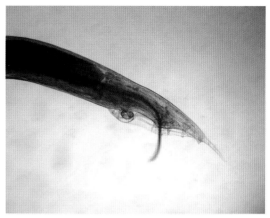

图 5-46　雄虫尾部形态

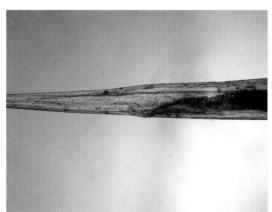

图 5-47　雌虫尾部形态

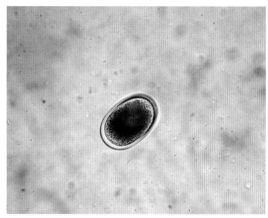

图 5-48　虫卵形态

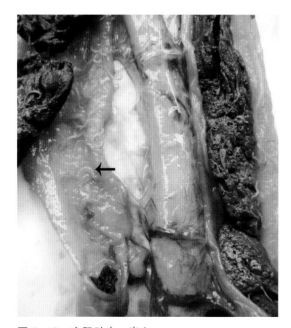

图 5-49　盲肠肿大、出血

表现食欲不振或废食，消瘦，贫血，拉稀，排出黄褐色稀粪。产蛋母鸡表现产蛋量减少，甚至停产。幼鸡表现生长发育不良，个别出现衰竭死亡。总体发病率和死亡率都比较低。

4. 病理变化

盲肠肿大明显，肠内容物为黄褐色黏稠物，肠壁增厚，并出现充血和出血（图5-49），有的在盲肠黏膜下层形成白色结节。剖开盲肠时可见盲肠壁有大量细小、白色的虫体在游动，有时在肠内容物也可见到虫体，肠壁出血。其他内脏器官无明显病变，有时可见苍白贫血的表现。

5. 诊断

根据剖检病理变化及在盲肠中发现虫体可作出诊断。必要时可采集粪便采用饱和盐水漂浮集卵，检出相应虫卵即可确诊。

6. 防治措施

（1）预防

改野外放牧为舍圈养或网上饲养，不要让鸡保接触到感染性虫卵或蚯蚓。对常发此病的鸡场，要实施全进全出饲养模式，大鸡出栏后要彻底清除场内鸡粪，更换饲养场地的表土，搞好环境卫生，对清理出的粪便要采用堆积发酵杀灭虫卵。对存在该病史的鸡场，要定期进行预防性驱虫。

（2）治疗

对发病鸡群可选用盐酸左旋咪唑（按每千克体重10毫克拌料一次饲喂）、阿苯达唑（按每千克体重30毫克拌料一次饲喂）、芬苯达唑（按每千克体重20毫克拌料一次饲喂）。驱虫后要清扫收集粪便进行无害化处理。间隔1~2个月再驱虫1~2次。

（七）鸡毛细线虫病

鸡毛细线虫病是由多种毛细线虫导致鸡出现肠炎等消化道障碍表现的一种寄生虫病。

1. 病原

毛细线虫属于毛细科毛细属。虫体细小，呈毛发状，身体的前部短于或等于身体的后部，并稍比后部细（图5-50）。前部为食道部，后部包含肠管和生殖系统。阴门位于前后部连接处。雄虫有1根交合刺（图5-51）和1个交合鞘。雌虫阴门位于前后部连接处（图5-52），后部体内有大量虫卵（图5-53），尾部钝圆（图5-54），虫卵两端有卵塞（图5-55）。常见的种类有以下几种。

①有轮毛细线虫，雄虫长15~25毫米，雌虫长25~60毫米，虫卵大小为（55~60）微米×（26~28）微米。寄生于鸡的嗉囊和食道。

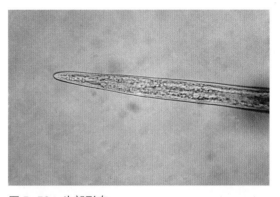

图5-50 头部形态

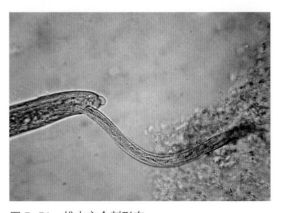

图5-51 雄虫交合刺形态

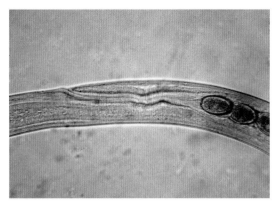

图 5-52　雌虫阴门部形态

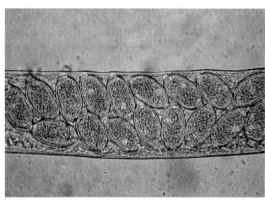

图 5-53　雌虫腹中虫卵形态

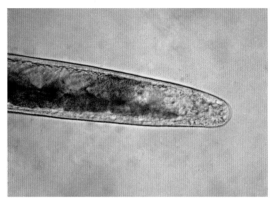

图 5-54　雌虫尾部形态

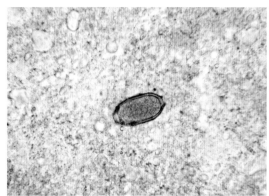

图 5-55　虫卵形态

②膨尾毛细线虫，雄虫长 9~14 毫米，雌虫长 14~26 毫米，虫卵大小为（43~57）微米 ×（22~27）微米，寄生于鸡、鸽等禽类的小肠。

③封闭毛细线虫，雄虫长 8.6~10 毫米，雌虫长 10~12 毫米，虫卵大小为（48~53）微米 ×（24~26）微米，寄生于鸡、鸽等禽类的小肠。

有些毛细线虫（如封闭毛细线虫）的虫卵可直接发育为感染性虫卵；有些毛细线虫（如有轮毛细线虫、膨尾毛细线虫）需蚯蚓作为中间宿主，虫卵在中间宿主体内才能发育为感染性幼虫。

虫卵或幼虫发育成为成虫需 19~26 天，成虫寿命 10 个月。

2. 流行病学

鸡毛细线虫可以感染鸡、鸽等禽类，主要发生于野外放牧鸡群或存在鸡、鸽混养的鸡群。一年四季均可发生，以夏、秋季居多。鸡群感染与放牧地土壤中存在感染性虫卵或蚯蚓有关。

3. 临床症状

病鸡表现食欲不振、消瘦、腹泻，有些病鸡出现嗉囊膨大、积食或积液，严重感染时拉出黄色黏液状粪便，最终病鸡衰竭或脱水死亡。

4.病理变化

有些病死鸡嗉囊肿大，囊内积液，酸臭味。有些病鸡小肠肿大明显，剖开小肠内容物呈黄色糊状物，肠壁充血出血（图5-56），用刀刮取肠壁可见丝状物。其他内脏器官无明显病变。

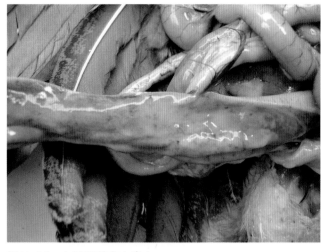

图5-56　小肠黏膜充血出血

5.诊断

（1）临床诊断

此病不易从临床症状和病理变化进行诊断。

（2）化验诊断

刮取病变小肠或嗉囊黏膜少量放在载玻片上，滴1~2滴生理盐水，盖上盖玻片在显微镜下镜检，可检出头发丝状细长的毛细线虫虫体或两端有卵塞的虫卵，即可诊断。

6.防治措施

（1）预防

改野外放牧为舍圈养或网上饲养，不要让鸡只接触到感染性虫卵或蚯蚓，也不要与鸽等禽类混养。对有严重病史的鸡场，要定期进行预防性驱虫。

（2）治疗

对发病鸡群可选用盐酸左旋咪唑（按每千克体重10毫克拌料一次饲喂）或阿苯达唑（按每千克体重30毫克拌料一次饲喂）。驱虫后要及时清扫收集粪便进行无害化处理。严重时在7天后再驱虫1次。

（八）鸡四棱线虫病

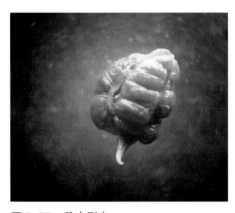

图5-57　雌虫形态

鸡四棱线虫病是由四棱线虫寄生于鸡腺胃内导致的一种寄生虫病。

1.病原

四棱线虫属于四棱科四棱属，雌雄异形。雌虫近球形（图5-57），寄生于鸡的腺胃内。雄虫呈长条状，纤细，游离于腺胃腔中。主要有2种虫体，即美洲四棱线虫和分棘四棱线虫。美洲四棱线虫的雄虫长5.0~5.5毫米，雌虫长3.5~4.5毫米（亚球形、有4条深沟），虫卵大小为（42~50）

微米 ×24 微米，卵胎生。分棘四棱
线虫的雄虫长 4.0~5.4 毫米，雌虫长
2.6~3.7 毫米，雄虫和雌虫的体表有
棘，虫卵大小为（50~55）微米 ×
（24~26）微米。虫卵在外界需适宜
的中间宿主（如直翅类昆虫）才能
发育为感染性虫卵。鸡吞食了感染
性虫卵后，发育 35 天变为成虫。

2. 流行病学

鸡四棱线虫可以感染鸡、鸭，
主要发生于野外放牧鸡群，且有明
显的地域性。一年四季中以夏、秋
季多见。鸡群感染与放牧过程中觅
食到蚱蜢等直翅类昆虫有关。

3. 临床症状

轻度感染时，鸡只一般不表现
明显的临床症状。严重时可见鸡冠

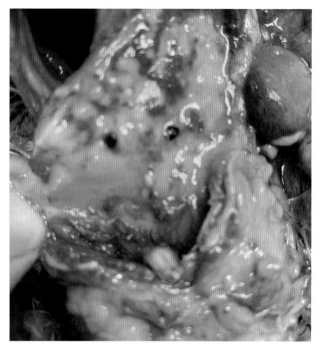

图 5-58　腺胃壁有一些小黑点

苍白，贫血严重，病鸡拉黄色稀粪，对肉鸡生长发育及蛋鸡产蛋性能有影响。

4. 病理变化

剖检可见鸡腺胃肿大，胃壁有小黑点，切开腺胃可见胃壁炎症渗出，胃壁深处有一些
小黑点（图 5-58），腺胃乳头有脓性分泌物流出。其他内脏器官病变不明显。

5. 诊断

（1）临床诊断

根据病理变化可作出初步诊断。

（2）化验诊断

将在腺胃内看到的小黑点或刮取腺胃内容物进行压片镜检，检出虫体或虫卵即可确诊。
在做流行病学调查时，在粪便中检出相应的虫卵也可以进行诊断。

6. 防治措施

（1）预防

改野外放牧为舍圈养或网上饲养，不要让鸡只吃到蚱蜢等直翅类昆虫。

（2）治疗

参考鸡异刺线虫病的治疗措施。

（九）鸡锐形线虫病

鸡锐形线虫病是由旋尾目锐形属中的旋锐形线虫和小钩锐形线虫寄生于禽类的腺胃、食道和肌胃内的一种寄生虫病。

1. 病原

旋锐形线虫的虫体较粗壮，头端钝，尾部尖，虫体前部有4条饰带，由前向后，然后再折回，但不吻合（图5-59、图5-60）。雄虫长7~8.3毫米，泄殖腔前乳突有4对，泄殖腔后乳突也有4对，交合刺不等长，左侧的较纤细，右侧的呈舟状。雌虫长25~30毫米，阴门位于虫体中部（图5-61、图5-62）。卵壳厚，内含幼虫。寄生于鸡、火鸡、鸽子等腺胃、食道内。

小钩锐形线虫的前部有4条饰带，两两并列，呈不整齐的波浪形，由前向后延伸，几乎到达虫体后部，但不折回，也不吻合。雄虫长9~14毫米，泄殖腔前乳突有4对，泄殖腔后乳突有6对，交合刺1对不等长，左侧的较纤细，右侧的较扁平。雌虫长16~19毫米，阴门位于虫体的中部稍后方。主要寄生于鸡和火鸡的肌胃内。

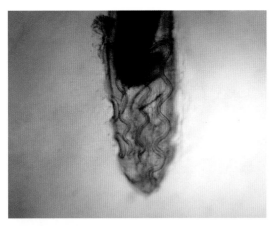

图5-59　头部形态

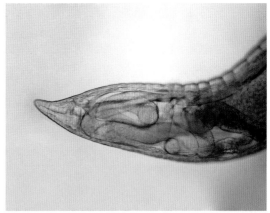

图5-60　尾部形态

图5-61　雌虫体形态

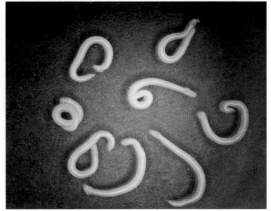

图5-62　体视显微镜下形态

上述两者的生活史有所不同。旋锐形线虫的虫卵被中间宿主如等足类（包括光滑鼠妇、粗糙鼠妇）吞食后，经过 26 天发育为感染性幼虫。当禽类吞食了含有感染性幼虫的中间宿主后即被感染。幼虫发育到成虫需 27 天。

小钩锐形线虫的虫卵在外界被中间宿主（如蚱蜢、拟谷盗虫、象鼻虫）吞食后，经过 20 天的发育为感染性幼虫。禽类采食了含有感染性幼虫的中间宿主后而被感染。幼虫进入禽类体内后，第一天即钻到肌胃的角质层下，经过 24 天约二次蜕化后再移行到肌胃壁上，到 120 天发育成熟。

2. 流行病学

此病中不同的虫种，其感染禽类有所不同。旋锐形线虫可感染鸡、火鸡、鸽子等禽类，主要寄生在禽类的腺胃和食道，而小钩锐形线虫主要感染鸡和火鸡，寄生部位在肌胃。传播途径与禽类经常吞食了相应的含感染性幼虫的中间宿主有关，所以放牧的禽类多见。

3. 临床症状

轻度感染时，一般不表现症状，在严重感染时，病鸡会表现出消瘦、下痢、贫血症状。

4. 病理变化

剖检可见腺胃部溃疡、出血，以及可见白色虫体等病变（图 5-63）。

5. 诊断

根据病理变化及在腺胃或肌胃内检出相应的虫体而诊断。

6. 防治措施

（1）预防

预防上要改变饲养方式，做好舍内清洁卫生，及时对禽类进行堆积发酵处理，定期使用广谱驱虫药进行预防性驱虫处理。

（2）治疗

此病的治疗可选用阿苯达唑或噻苯达唑进行驱虫处理。

图 5-63　腺胃溃疡、出血及虫体

（十）鸡四射鸟圆线虫病

鸡四射鸟圆线虫病是由圆形目毛圆科鸟圆属中的四射鸟圆线虫寄生于鸡等禽类小肠内的一种寄生虫病。

1. 病原

新鲜虫体呈红色，虫体纤细，口孔周围有 6 个乳突，体表有许多纵线，虫体常呈回旋卷曲如螺旋状（图 5-64），头部角皮膨大（图 5-65），形成头泡。雄虫长 8.3~12 毫米，宽 0.75 毫米，食道长 0.407 毫米，排泄孔距头端为 0.278 毫米，交合伞背叶无明显的划区，有伞前乳突，背肋粗短，交合刺长 0.150~0.160 毫米（图 5-66）。雌虫长 18~24 毫米，宽 0.75 毫米，阴门开口于距尾端 5 毫米处，尾端有一小刺突起（图 5-67）。虫卵大小为（70~75）微米 × （38~40）微米（图 5-68）。

该虫属直接发育型寄生虫，不需中间宿主。虫卵随粪便排到舍外，在适宜的温度和湿度时，经 20 小时即可孵化出幼虫，有时在肠内也可形成内含幼虫的感染性虫卵。当鸡吞食了感染性虫卵后，经过 5~7 天可发育为成虫。

2. 流行病学

此病在鸡、鸽、斑鸠禽类等均可感染，野外放牧的鸡群更有可能感染此病。此病在我国的福建省和台湾省较常见。

3. 临床症状

轻度感染无明显的临床症状。严重感染时可见病鸡食欲减少，精神沉郁，羽毛松乱，贫血、消瘦，排绿色稀粪，有时粪中带有血色或黑色。

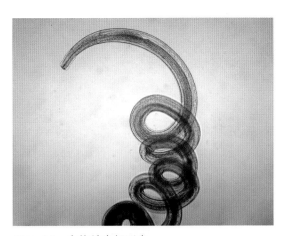

图 5-64　虫体前半部形态

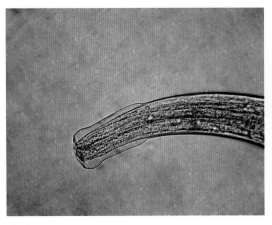

图 5-65　头部形态

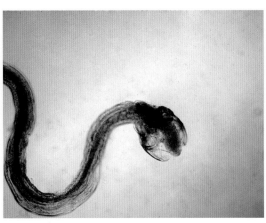

图 5-66　雄虫的交合伞形态

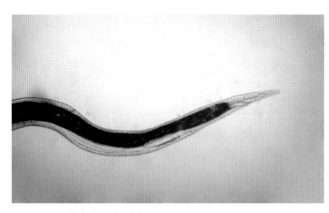

图 5-67　雌虫的尾部形态

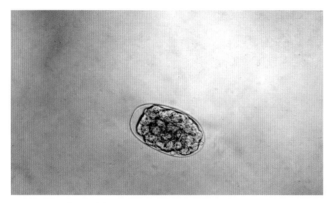

图 5-68　虫卵形态

4. 病理变化

剖检可见小肠壁增厚，肠黏膜水肿，肠内容物呈糊状。

5. 诊断

四射鸟圆线虫非常小，肉眼不易看见。把肠内容物经漂洗和沉淀后，可见一些极细长的小红线，经几个小时后变成极细的小白线。把虫体放到显微镜下可见头部角皮膨大而形成头泡，前部卷曲为螺旋状，雌虫末端有小的刺状突起。虫体中雌虫比例要明显多于雄虫。

6. 防治措施

（1）预防

此病的预防一方面要改变饲养方式，另一方面要定期驱虫。

（2）治疗

此病的治疗可采用盐酸左旋咪唑（每千克体重 20~25 毫克，每日一次，连用 2 天）或阿苯达唑（每千克体重 20 毫克，一次性投药，隔 5~7 天后再重复一次）。

（十一）鸡绦虫病

鸡绦虫病是由多种绦虫寄生在鸡肠道内导致的一种寄生虫病。

1. 病原

鸡绦虫病的病原有四角赖利绦虫、棘盘赖利绦虫、有轮赖利绦虫及节片戴文绦虫等。前三种绦虫属于戴文科赖利属，节片戴文绦虫属于戴文科戴文属。四角赖利绦虫虫体很长（图 5-69），长为 1~25 厘米，头节较小，吸盘

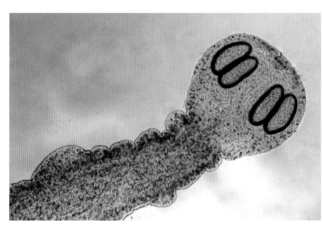

图 5-69　鸡四角赖利绦虫的头节形态

为卵圆形；棘盘赖利绦虫虫体长 8.5~25 厘米，吸盘为圆形（图 5-70、图 5-71）；有轮赖利绦虫虫体较小，长为 2~15 厘米，头节大，顶突宽而厚，形似车轮状；节片戴文绦虫虫体较小，长为 0.5~3 毫米，由 4~9 个节片组成。赖利绦虫的中间宿主为蚂蚁，鸡啄食含拟囊尾蚴的蚂蚁后被感染，经过 20 天虫体发育成熟。节片戴文绦虫的中间宿主为蛞蝓或陆地螺，鸡吞食了中间宿主后，幼虫经 2 周发育为成虫。

2. 流行病学

各种日龄的鸡均可感染。鸡吞食了含有感染性幼虫的中间宿主（如蚂蚁），经 12~23 天幼虫在鸡小肠内发育成为绦虫成虫，并开始随粪便向外排出成熟的孕节片，这些孕节片中的虫卵在外界环境中被中间宿主吞食后，在中间宿主体内经 15 天左右可发育成为感染性幼虫。此病的感染率高低与饲养方式关系很大，一般来说，舍饲圈养的感染率极低，而野外放牧的鸡感染率很高。

3. 临床症状

幼鸡感染后症状较重，主要表现为消化不良、拉出带黏液稀粪、食欲减少、消瘦，严重时可产生死亡现象。成年鸡感染后除了消瘦外一般见不到明显的临床症状。

4. 病理变化

小肠肿大明显，肠壁有充血、出血甚至坏死溃疡。肠内可见数量不等的白色扁平、带状分节的虫体（图 5-72）。严重时，由于虫体数量多可造成肠道阻塞。病程长的，可见肠管肿大，肠黏膜增厚。有时可见肠壁上有增生性突起病变，大小如芝麻粒的黄色小结节。

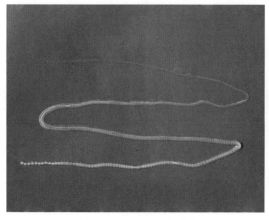

图 5-70　鸡棘盘赖利绦虫的头节形态

图 5-71　鸡棘盘赖利绦虫的虫体形态

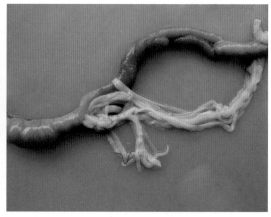

图 5-72　肠内检出白色扁平带状虫体

5. 诊断

根据临床症状、病理变化和肠道内剖检出绦虫虫体即可作出诊断。要判断是哪一种绦虫（如四角赖利绦虫、棘盘赖利绦虫），需对虫体（特别是头节和节片）进行形态鉴定。

6. 防治措施

（1）预防

平时饲养过程中要保持鸡舍的清洁卫生，及时清除粪便，并集中在指定地点进行无害化处理，同时对中间宿主（蚂蚁）要定期进行消灭，切断此病传播的中间环节。此外还需定期采用驱虫药物进行预防。

（2）治疗

可选用下列药物进行治疗，如氯硝柳胺（又称灭绦灵，按每千克体重50~60毫克拌料，一次喂服）、阿苯达唑（按每千克体重20~30毫克拌料，一次喂服），对治疗此病均有很好效果。此外，还可使用吡喹酮（按每千克体重10~20毫克）拌料治疗，也有一定效果。

（十二）鸡后口吸虫病

鸡后口吸虫病是由鸡后口吸虫寄生于鸡盲肠内的一种寄生虫病。

1. 病原

鸡后口吸虫属于短咽科后口属。虫体呈舌形（图5-73、图5-74），大小为（7.2~9.7）毫米 ×（1.8~2.9）毫米，咽和腹吸盘发达。虫卵呈椭圆形（图5-75），具卵盖，内含毛蚴，虫卵大小为（29~32）微米 ×（16~18）微米。鸡后口吸虫的中间宿主为陆生螺，鸡吞食了含有囊蚴的陆生螺而感染。

2. 流行病学

鸡、鸭、鹅及鸟类均会感染，主要发生于野外放牧鸡群，一年四季均可发生，以夏、秋多见。鸡只感染与在放牧过程中采食到含有囊蚴的陆生螺有关。

3. 临床症状

轻度感染时，鸡只一般不表现症状。严重感染时，鸡只消瘦、贫血，时常拉黄白色稀粪，有时可见粪便中带血，最终衰竭死亡。产蛋鸡表现产蛋性能下降，蛋壳质量变差。

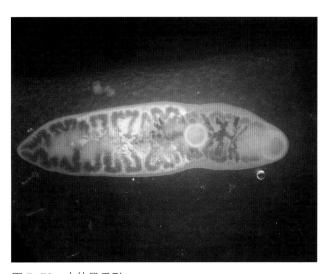

图5-73　虫体呈舌形

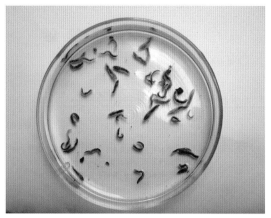

图 5-74 虫体粉红色、舌形

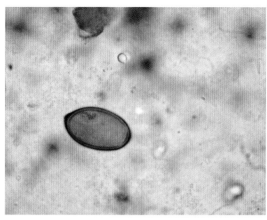

图 5-75 虫卵形态

图 5-76 盲肠肿大

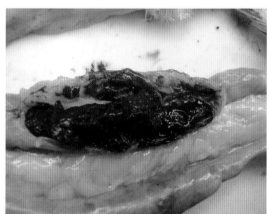

图 5-77 盲肠内容物为粉红色糊状物

4. 病理变化

剖检病死鸡，可见盲肠肿大（图 5-76）。切开盲肠，在肠壁可见大量舌形粉红色虫体，肠壁充血出血，肠内容物为粉红色糊状物（图 5-77）。其他内脏器官无明显病变。

5. 诊断

（1）临床诊断

根据在盲肠内检出舌形粉红色虫体可作初步诊断。

（2）化验诊断

取虫体进行形态学观测鉴定。

6. 防治措施

（1）预防

改野外放牧为舍圈养或网上饲养，不要让鸡只采食到各种陆生螺。

（2）治疗

采用阿苯达唑（按每千克体重 10~20 毫克拌料口服一次用药），严重时，间隔 7 天再重复用药1次。此外，吡喹酮（按每千克体重10毫克，一次口服）或芬苯达唑（按每千克体重10毫克，一次口服）也有较好的效果。

（十三）鸡膝螨病

鸡膝螨病是由鸡突变膝螨或鸡膝螨寄生于鸡身上的一类寄生虫疾病。其中突变膝螨主要寄生于鸡脚趾皮肤的鳞片下，患部似涂了一层石灰，所以又称"石灰脚"病。而鸡膝螨则寄生于鸡羽毛根部的皮肤上，导致出现"脱羽症"。

1. 病原

鸡突变膝螨、鸡膝螨都是属于疥螨科膝螨属。突变膝螨的虫体背面有显著条纹，无皮棘及粗刺状毛，雄螨大小为（0.19~2.0）毫米×（0.12~0.13）毫米，虫体呈卵圆形，足较长（图5-78），端部有吸盘；雌螨大小（0.40~0.44）毫米×（0.33~0.38）毫米，虫体呈近圆形，足较短（图5-79），端部无吸盘。鸡膝螨，虫体呈灰白色，有4对短足，尾端有1对长毛，雄虫呈卵圆形，足较长，足端均有吸盘；雌虫近圆形，足极短，端部全无吸盘。虫体背面的褶襞呈鳞片状。突变膝螨寄生于鸡无羽毛的皮肤上，而膝螨则寄生于鸡羽基部及羽干。

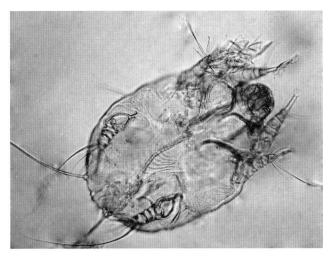

图5-78　雄虫形态

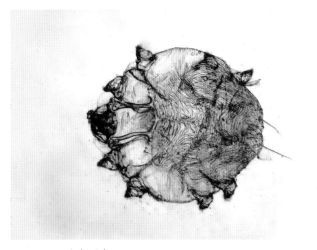

图5-79　雌虫形态

2. 流行病学

不同日龄鸡均可感染。由于鸡膝螨的全部生活过程都在鸡体上，所以此病的传播途径主要通过鸡与鸡的直接接触而传播，有时也可通过接触到污染的环境和用具而间接传播。

3. 临床症状

（1）鸡突变膝螨

通常寄生于鸡胫部和足部无羽毛处皮肤，首先发生局部炎症，接着皮肤增生变粗糙，局部的渗出物逐渐干涸后形成白色或灰黄色痂皮，外观像涂了一层石灰（即"石灰脚"）（图5-80）。由于局部皮肤肿胀发痒，病鸡常常自啄而造成外伤和出血，也会影响病鸡的行走和采食。此病会严重影响鸡的酮体品质。

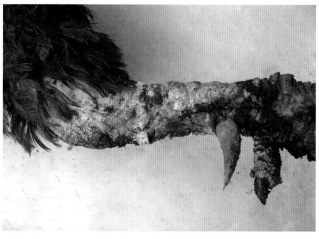

图 5-80　胫部皮肤出现"石灰脚"

（2）鸡膝螨

寄生在羽毛根部皮肤上，会沿着羽轴穿入皮肤，使皮肤发红、羽毛易脱落。有时鸡与鸡之间也会相互啄羽毛，造成"脱羽症"，严重时身上羽毛会全部掉光。

4. 病理变化

鸡突变膝螨的病理变化在于胫部和足部皮肤发炎，流出的渗出物干涸后形成"石灰脚"。鸡膝螨的病理变化在于鸡翅膀和尾部大羽毛会被啄或掉光，局部皮肤出现炎症。

5. 诊断

用小刀蘸上油后刮取病灶部的皮屑置于载玻片上，滴上几滴 10% 氢氧化钾溶液，在显微镜下可观察到螨虫并通过形态结构来鉴定鸡膝螨种类。

6. 防治措施

（1）预防

平时要认真检查，发现病鸡要及时隔离或淘汰。对假定健康鸡平时要做好消毒和定期杀虫工作。

（2）治疗

局部病变严重的鸡，可选用过氧化氢溶液或温肥皂水软化痂皮，再用溴氢菊酯或双甲脒溶液进行浸泡，还可用硫黄软膏涂擦患部。若发病率较高，可采用口服或拌料伊维菌素（按每千克体重 0.3 毫克拌料）进行治疗。

（十四）鸡皮刺螨病

鸡皮刺螨病是由鸡皮刺螨寄生于鸡皮肤和鸡舍笼架上的一种常见寄生虫病。

1. 病原

鸡皮刺螨属于皮刺螨科皮刺螨属。虫体呈长椭圆形（图5-81），后部略宽，饱血后虫体变大，由灰白色转为红色（图5-82）。雌螨长 0.72~0.75 毫米，饱血后可长达 1.5 毫米，雄螨长 0.6 毫米。幼虫有 3 对足，成虫有 4 对足，肢端有吸盘。头部有 2 根细长的螯肢。虫卵呈长椭圆形（图 5-83、图 5-84）。

2. 流行病学

各种日龄的鸡均能感染。以舍饲的蛋鸡、种鸡多见，放牧的肉鸡少见，有时舍饲鸭也可感染此病。鸡皮刺螨的发育要经卵、幼虫、若虫、成虫四个阶段。其中虫卵主要存在于鸡窝的缝隙或碎屑中，经 7 天发育后变成能吸血的成虫。鸡皮刺螨主要在夜间吸取鸡血，若鸡关在笼子里或母鸡在孵蛋时，在白天鸡也被吸血。

3. 临床症状

病鸡躁动不安，吃料减少，产蛋率下降，严重时可见病鸡日渐消瘦、贫血、鸡冠苍白（图 5-85）。仔细察看病鸡皮肤上有许多小螨虫在爬动（图 5-86、图 5-87），有时也会爬到饲养员身上，引起皮肤瘙痒。此病在陈旧的鸡舍较常见，特别在笼架、缝隙间常见细小的虫子集堆（图 5-88、图 5-89）。

4. 病理变化

除皮肤贫血、肌肉苍白（图 5-90）、羽毛脱落较多外，无其他明显的病理变化。

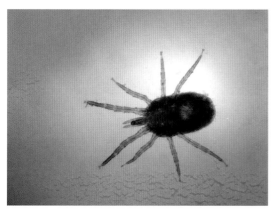

图 5-81　虫体形态

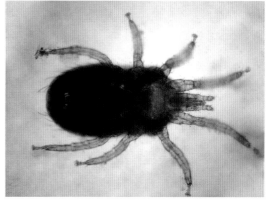

图 5-82　虫体形态（饱血后）

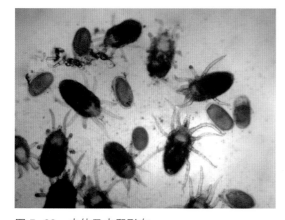

图 5-83　虫体及虫卵形态

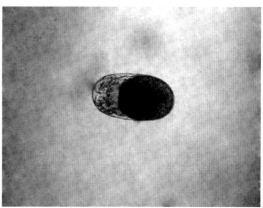

图 5-84　虫卵形态

图 5-85　鸡冠苍白

图 5-86　鸡皮刺螨寄生在鸡肛门周围羽毛上

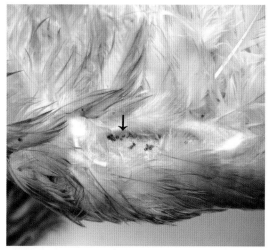

图 5-87　鸡皮刺螨寄生在鸡皮肤上

图 5-88　鸡舍笼架上寄生皮刺螨

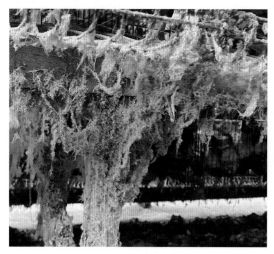

图 5-89　鸡舍缝隙间寄生皮刺螨

图 5-90　肌肉苍白

5.诊断

把螨虫置于放大镜或低倍显微镜下进行形态观察，可见虫体呈椭圆形，会吸血。在临床上，需与鸡羽虱及羽螨进行鉴别诊断。

6.防治措施

（1）预防

平时要认真检查，在笼架上或鸡身上发现虫体需及时诊断和隔离治疗。平时要定期消毒和杀虫。

（2）治疗

按每升水添加0.1~0.2毫升溴氢菊酯直接喷洒病鸡、鸡舍、鸡笼及饲槽等。此外，还可选用双甲脒、辛硫磷或白僵菌进行喷洒，每周1~2次，对平养蛋鸡要勤换垫草并烧毁带虫垫料。此外，严重感染的鸡群可配合伊维菌素预混剂进行拌料治疗，连喂3~5天，有较好的治疗效果。

（十五）鸡羽虱病

鸡羽虱病是由多种羽虱（包括鸡羽虱、鸡圆羽虱、鸡翅长羽虱等）寄生于鸡体表所引起的一类鸡体外寄生虫病。

1.病原

感染鸡的羽虱种类较多，包括短角羽虱科鸡羽虱属的鸡羽虱（图5-91至图5-93）和草黄鸡体羽虱、长角羽虱科长角羽虱属的鸡翅长羽虱和鸡长羽虱、长角羽虱科圆羽虱属的

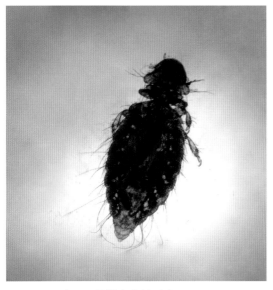

图5-91 鸡羽虱的雄虫虫体形态

图5-92 鸡羽虱的雌虫虫体形态

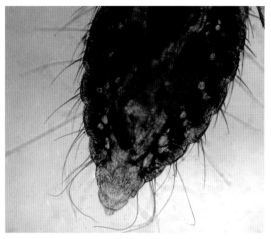

图 5-93　鸡羽虱雄虫尾部形态

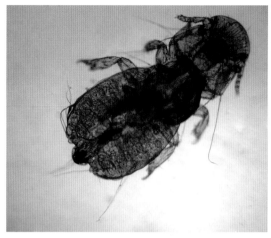

图 5-94　鸡圆羽虱雄虫虫体形态

鸡圆羽虱（图 5-94、图 5-95）和巨圆羽虱，以及长角羽虱科角羽虱属的异形角羽虱等，其中以鸡羽虱最常见。该虫呈长椭圆形，淡黄色，雄虫长 1.7 毫米，雌虫长 2.0 毫米，头部后颊向两侧突出，有数根长毛，前胸后缘呈圆形突出，胸部与腹部联合明显，虫体有较多背毛。

2. 流行病学

各种日龄鸡均可感染。此病对成年鸡通常无严重致病性，但对雏鸡可造成严重伤害。一年四季均可发生，但以冬、春季

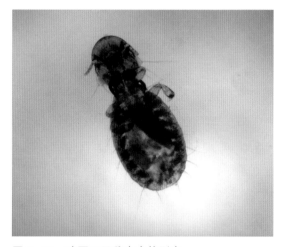

图 5-95　鸡圆羽虱雌虫虫体形态

多发。由于鸡羽虱以皮肤鳞屑、羽毛或羽根部血液为食，其全部生活史均在鸡体内完成，所以传播方式以直接接触传染为主。

3. 临床症状

病鸡鸡体奇痒，躁动不安，自啄羽毛或相互啄毛，结果造成羽毛脱落、皮肤出血或结痂。体质弱小的病鸡可引起死亡。产蛋鸡可导致采食量减少、产蛋率下降，在皮肤和羽毛上可见羽虱爬动（图 5-96 至图 5-98），在羽毛根部可见成堆的虫卵（图 5-99）。

4. 病理变化

除羽毛脱落较多外，严重的导致皮炎，其他病理变化不明显。

5. 诊断

根据临床症状和鸡身上发现的大量羽虱可作出初步诊断。确定鸡羽虱种类需对虫体形态结构进一步深入鉴定。

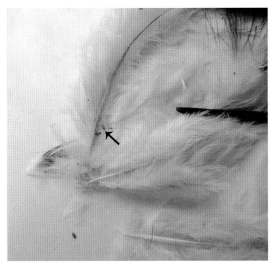

图 5-96　鸡羽虱寄生鸡羽毛上

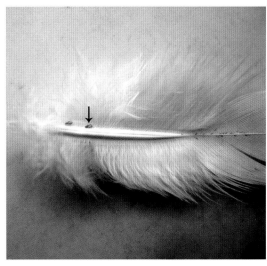

图 5-97　鸡圆羽虱寄生在羽毛上

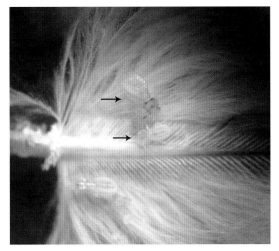

图 5-98　鸡圆羽虱寄生在羽毛上（成虫和幼虫）

图 5-99　羽毛根部可见成堆的虫卵

6. 防治措施

（1）预防

做好鸡舍环境卫生，加强消毒和灭虫工作，不要引进带虫鸡只或带虫笼架、工具。

（2）治疗

可采用三种方法。第一，药物喷洒法治疗。定期用溴氢菊酯(按每升水添加0.1~0.2毫升)水溶液喷洒鸡只、鸡舍、鸡笼及舍槽等进行除虫处理，每周 1~2 次。第二，喷粉法治疗。在一个有钻满小孔的纸罐内装入 0.5% 敌百虫或硫黄粉，将药粉均匀地喷洒在鸡羽虱寄生部位。第三，砂浴法治疗。在鸡运动场里建一个长方形浅池（20 厘米深），池中填入含 5% 硫黄粉（每 100 千克细砂加 5 千克硫黄粉）或含 3% 除虫菊粉的砂子，让鸡自行砂浴。

（十六）鸡奇棒恙螨病

鸡奇棒恙螨病是由恙螨科新棒恙螨属中的鸡奇棒恙螨寄生于鸡（其他禽类也会感染）皮肤上的一种寄生虫病，又称鸡新棒恙螨病、鸡新勋恙螨病。

1. 病原

鸡奇棒恙螨属于恙螨科新棒恙螨属。该虫仅幼虫营寄生生活。幼虫很小，不易发现，饱食后呈橘黄色，大小为 0.42 毫米 × 0.32 毫米，有 3 对足（图 5-100），背面盾板呈梯形，盾板上有刚毛 5 根，盾板中央有感觉毛 1 对，背刚毛有 40~46 根。成虫则生活在潮湿的草地上，以植物汁液为食，雌螨受精后产卵于泥土上，约 2 周孵化出幼虫，幼虫爬到鸡体皮肤上以刺吸鸡体液和血液为食，饱食后落地进一步发育为若虫和成虫。

2. 流行病学

鸡奇棒恙螨可寄生在鸡、鸭、鹅等禽类皮肤上，各种日龄鸡均可寄生，其中以中大鸡为主。在野外放牧的鸡群易感染此病（图 5-101），而舍饲鸡很少见。一年四季中以夏、秋季多见。在全国各地均有此病分布。

3. 临床症状

鸡奇棒恙螨多寄生在翅膀内侧、胸肌两侧和双腿的内侧皮肤上，局部呈粉红色痘状凸起（图 5-102 至图 5-104）。病鸡局部奇痒，骚动不安，死亡率很低，但成鸡感染此病后会严重影响肉鸡的胴体品质。

4. 病理变化

局部出现痘状红色病灶（即周围隆起，中间凹陷的脐状病灶），病灶中央可见一小红点（图 5-105），周围有炎症增生。

5. 诊断

（1）临床诊断

根据流行病学、临床症状、

图 5-100　鸡奇棒恙螨的幼虫形态

图 5-101　野外放牧鸡群

图 5-102 皮肤出现痘状病变

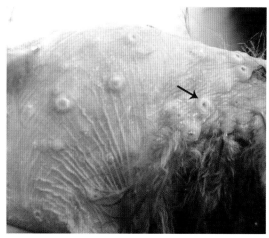

图 5-103 皮肤局部有大量粉红色痘状凸起

图 5-104 皮肤出现大量痘状凸起

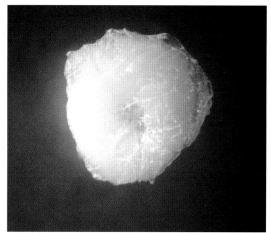

图 5-105 痘状病灶中央有小红点

病理变化可作出初步诊断。在临床上，此病还需与鸡痘、皮肤型鸡马立克病进行鉴别诊断。

（2）化验诊断

此病的确诊可用小镊子取出病灶中央组织，在显微镜下进一步观察，检出有 3 对足的奇棒恙螨幼虫即可诊断。

6.防治措施

（1）预防

避免鸡群在潮湿的野外草地上放牧。

（2）治疗

此病的治疗包括局部治疗和全身治疗。局部治疗可用 70% 酒精或 2% 碘酊或 5% 硫黄软膏涂擦局部，涂擦 1~2 次即可杀死病灶中的幼虫，数日后局部皮肤逐渐痊愈。如果发病数量多，可采用全身治疗，即用 0.6% 伊维菌素拌料治疗（每 1000 千克饲料添加 300 克，连喂 5 天）。此外，也可做一个硫黄砂浴池，让病鸡自由砂浴。

（十七）鸡梅氏螨病

鸡梅氏螨病是关节梅氏螨和肘梅氏螨寄生在鸡等禽类羽毛和皮肤上的一种寄生虫病，其中常见的是关节梅氏螨。

1. 病原

鸡梅氏螨包括关节梅氏螨和肘梅氏螨，属于羽螨科梅氏螨属，在这里着重介绍关节梅氏螨。关节梅氏螨的雌虫大小为 0.37 毫米 ×0.19 毫米，有 4 对足，足末端均有吸盘、生殖孔呈倒"V"形，肛门纵裂，并有 2 对长尾毛（图 5-106、图 5-107）；雄虫大小为 0.38 毫米 ×0.18 毫米，有 4 对足，足末端也都有吸盘，第三对足特别发达，有 2 个肛门吸盘，体末端分叉并有突起（图 5-108），尾部有多根刚毛。鸡梅氏螨属永久性寄生螨，以食羽毛碎片和脱落表皮细胞为主。

2. 流行病学

此病主要发生在蛋鸡和种鸡，特别是饲养条件不好的鸡场更易发生（如日照不足、饲养密度高、笼舍潮湿）。皮肤和羽毛湿度高最适合该螨繁育。传播途径主要通过接触传播。一年四季均可发生，但以秋末、冬季和春初多见。

3. 临床症状

病鸡群烦躁不安，皮肤瘙痒，自啄或相互啄毛的病鸡日益增多，病鸡羽毛松乱，易脱毛，蛋鸡的产蛋率不同程度地下降。

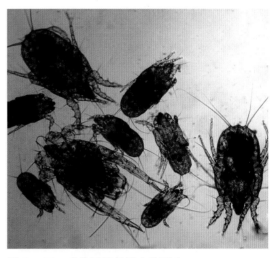

图 5-106　鸡梅氏螨的螨虫体形态

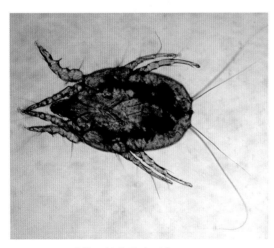

图 5-107　鸡梅氏螨的雌虫形态

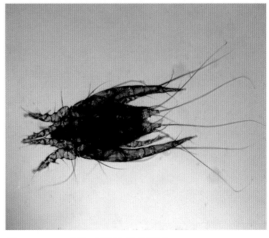

图 5-108　鸡梅氏螨的雄虫形态

图 5-109　鸡梅氏螨寄生在皮肤上

图 5-110　鸡梅氏螨寄生在羽毛上

仔细查看，在皮肤上有许多白色细小虫体在爬动（图 5-109、图 5-110）。

4. 病理变化

检查病鸡的全身皮肤、翅膀及背部羽毛，可见大量微小的小虫在爬动，皮肤出现轻度炎症，羽毛脱落。

5. 诊断

根据流行病学、临床症状可进行初步诊断。确诊需把螨虫经 70% 酒精浸泡处理后在显微镜下进行虫体形态鉴定。

6. 防治措施

（1）预防

平时要注意鸡舍的环境卫生、消毒和杀虫处理，不要引进带虫的鸡只，保持鸡舍通风和干燥。

（2）治疗

使用溴氢菊酯（按每升水添加 0.1~0.2 毫升）直接喷洒病鸡、鸡舍、鸡笼及饲槽等，每周 1~2 次，对平养蛋鸡要勤换垫草并烧毁带虫垫料。此外，还可以采用 0.5% 敌百虫或硫黄粉进行喷洒或采用硫黄砂浴进行防治。

六、非生物引致的鸡病

（一）鸡维生素 A 缺乏症

1. 病因

饲料配方中缺乏维生素 A 或胡萝卜素；饲料混合时间过长发生氧化，或被太阳光照射后造成饲料中维生素 A 遭到破坏；某些疾病导致维生素 A 的吸收、储藏、利用受障碍，如胃肠病、肝脏病等。

2. 临床症状

主要发生于 6~10 周龄鸡，以饲养管理不良的鸡群多发。主要表现为生长发育迟缓，羽毛松乱，消瘦，皮肤褪色，鸡冠苍白。眼睛流泪，眼内分泌物比较多，往往把上下眼睑粘连，眼角膜混浊（图 6-1、图 6-2），严重的出现角膜软化或穿孔失明。口腔黏膜有白色小结节，咽喉部黏膜覆盖一层白色伪膜。有时可见脑神经症状。成年鸡则表现为渐进性消瘦，种公鸡性功能下降，精液品质降低而影响受精率；母鸡则出现产蛋率和孵化率下降。

3. 病理变化

病鸡的口腔、食道和咽喉黏膜出现白色小脓疱或一层白色伪膜附着（图 6-3）。胃肠道黏膜肿胀、角质化。呼吸道黏膜上皮角质化，鼻泪管阻塞造成眼炎，鼻腔充满水样分泌物，鼻腔黏膜肿胀，有时病鸡一侧或两侧颜面肿胀。肾小管和输尿管在白色尿酸盐沉积。

4. 诊断

根据临床症状、病理变化可作出初步诊断。同时可采用维生素 A 制剂进行治疗性诊断，若治疗效果好，可间接诊断。必要时可通过测定饲料中维生素 A 的含量来确诊。

5. 防治措施

（1）预防

全价饲料要按标准进行维生素 A 的配制，也要防止在饲料加工与保存过程中维生素 A

图 6-1　鸡群出现眼角膜混浊

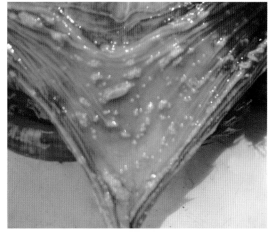

图 6-2　病鸡眼角膜轻度混浊　　　　　图 6-3　食道黏膜有白色小脓疱

被氧化破坏。粗放饲养条件下鸡群要保证有充足的维生素 A 或胡萝卜素的供应。有存在胃肠道疾病或肝脏疾病的鸡群要及时治疗，确保维生素 A 的正常吸收、利用和储藏。

（2）治疗

采用维生素 A 或胡萝卜素对此病具有很好的治疗效果。具体来说，每千克饲料中补充维生素 A5000 国际单位或按说明补充浓缩鱼肝油。对个别病鸡可采用肌内注射维生素 A 注射液进行治疗。对个别有眼部病变鸡，可采用 3% 硼酸溶液进行局部冲洗后，再涂以眼药水治疗。

（二）鸡维生素 B_1 缺乏症

1. 病因

长期给鸡饲喂缺乏维生素 B_1 的饲料（如精磨白米）或饲料中维生素 B_1 受到霉变、高温、碱性物质等因素破坏而失效。此外，油菜籽中甲基芥酸酯会颉颃维生素 B_1；某些抗球虫药（如氨嘧吡啶）的化学结构与维生素 B_1（硫胺素）相似，能竞争性颉颃硫胺素的吸收利用，从而造成维生素 B_1 缺乏。

2. 临床症状

病鸡双脚无力，食欲减少，消化不良，生长发育不良，步态不稳，常以跗关节着地，严重时出现头颈向后仰呈所谓"观星"姿势（图 6-4）。严重时由于外周神经麻痹造成瘫痪、倒地而死亡。种鸡除出现神经症状外，产蛋率、受精率都受影响，还会出现不同程度的死胚或弱雏现象。

3. 病理变化

无明显的肉眼病变。此外，有些出现肾上腺肿大、生殖器官萎缩、心肌轻度萎缩、胃

图 6-4 头后仰呈"观星"状

肠道萎缩变薄。病理组织检查显示十二指肠腺明显扩张，肾上腺细胞的有丝分裂明显减少，胰腺的外分泌细胞出现胞浆空泡化，神经组织出现多发性神经炎。

4. 诊断

根据临床症状及缺乏维生素 B_1 史可作出初步诊断。此外，也可以采用治疗性诊断，若及时给予鸡群补充维生素 B_1 制剂后，病鸡的神经炎症状迅速消失即可作出诊断。在临床上，此病需与鸡维生素 E- 硒缺乏综合征、慢性鸡新城疫、鸡高致病性禽流感等进行鉴别诊断。

5. 防治措施

（1）预防

养鸡场应提供全价饲料，确保饲料中维生素 B_1 含量达标。

（2）治疗

鸡群用维生素 B_1 或复合维生素 B 进行治疗。个别病鸡按每千克体重内服 2.5 毫克维生素 B_1 片，每天 1 次，连用 2~3 天。此外，对个别严重病鸡也可采用维生素 B_1 注射液进行肌内注射，按每千克体重鸡注射 0.1~0.2 毫克，一般 1~2 针即有明显效果。

（三）维生素 E- 硒缺乏综合征

1. 病因

由于维生素 E 和硒缺乏在病因、病理、症状及防治等方面存在着复杂而密切的关系，将两者统称为维生素 E- 硒缺乏综合征。具体原因有以下 3 个方面。

①饲料配方中缺乏维生素 E 或微量元素硒。

②饲料加工调制不合理或饲料霉变造成饲料中不饱和脂肪酸过多，导致维生素 E 被氧化破坏。

③在土壤缺硒地区放牧饲养肉鸡，也易导致缺硒的发生。

2. 临床症状

在种鸡上，患病的公鸡丧失交配能力或降低受精率；母鸡会导致种蛋出壳率降低、胚胎死亡率偏高。

肉鸡或育雏蛋鸡临床病状的表现有以下 3 个方面。

（1）脑软化症

常发生于 15~30 日龄的鸡。表现站立不稳、共济失调、头后仰或身体向一侧倒（图 6-5），并有转圈运动，最后倒地衰竭而死亡。

（2）渗出性素质

常发生于 15~50 日龄的鸡。除了有一些脑神经症状外，主要表现腹下组织水肿，严重时腹部皮下会蓄积大量液体，皮肤呈蓝黑色（图 6-6）。

（3）肌肉营养不良

常发生于 4 周龄左右鸡。表现全身衰弱，精神沉郁，生长发育迟缓，运动失调，无力站立，可造成 5%~20% 鸡死亡。

3. 病理变化

公鸡睾丸发生退行性变化，母鸡无明显的病理变化。

肉鸡或育雏蛋鸡则出现下列不同程度的病理变化。

（1）脑软化症

病理变化主要在脑部（尤其是小脑）。脑膜水肿，小脑肿胀和软化，表面可见充血和一些散在小出血点（图 6-7），脑回和脑沟闭合，严重病例可见小脑有黄绿色的混浊坏死区。

（2）渗出性素质

腹下组织水肿，有大量深蓝色液体，心包积液。

（3）肌肉营养不良

主要病理变化在胸肌和心

图 6-5　身体向一侧倒

图 6-6　腹下皮肤呈蓝黑色

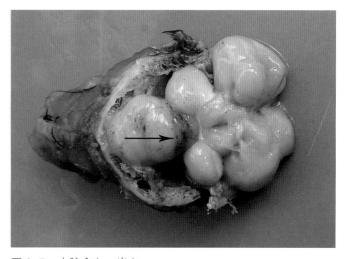

图 6-7　小脑充血、出血

肌。胸肌的肌纤维变性和凝固性坏死，结果出现灰白色条纹（图6-8）。心肌也出现灰白色坏死条纹。

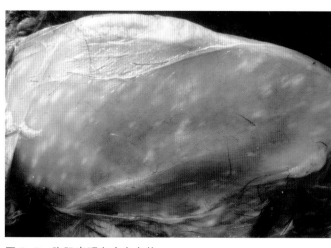

图6-8 胸肌出现灰白色条纹

4.诊断

根据临床症状、病理变化可作出初步诊断。必要时对饲料中维生素E和硒的含量测定进行诊断。

5.防治措施

（1）预防

饲料中要保证维生素E的含量（每千克饲料含维生素E5~10毫克）和亚硒酸钠的含量（每千克饲料含亚硒酸钠0.2~0.3毫克）。对于易发生缺硒症的散养肉鸡场，可在20~23日龄、40~43日龄2个阶段，添加亚硒酸钠溶液（1毫克亚硒酸钠溶解于100毫升水中进行自由饮水）进行预防。

（2）治疗

对于患脑软化症的鸡群，主要补充维生素E进行治疗，以防止新的病例发生，对于已发病的病例，则治疗效果较差。可口服维生素E片（每只小鸡口服2~3毫克）或拌料（每千克饲料加维生素E片30~40毫克，一个疗程7~10天，恢复正常后剂量减为5~10毫克）。此外，还可采用肌内注射醋酸维生素E注射液（每只鸡2~5毫克）。

对于渗出性素质和肌肉营养不良症的治疗，要同时补充维生素E和亚硒酸钠。维生素E的用量参考鸡脑软化症治疗量，亚硒酸钠的用量是每升水加3~5毫克进行饮水，连用3天，停药几天后再喂2~3个疗程。在临床上也可采用亚硒酸钠－维生素E混悬液进行饮水治疗。

（四）鸡钙磷缺乏综合征

1.病因

饲料中钙、磷或维生素AD_3的含量不足或比例不合理造成鸡骨质钙化不全、骨骼发育不良。维生素AD_3不足会影响肠道钙的吸收。长期饲喂高磷饲料（如麸皮）也会影响钙的吸收，造成缺钙。此外，饲料中钙、铁、铝、镁离子过多，也会影响饲料中磷的吸收。

2.临床症状

鸡发生钙磷缺乏综合征主要集中两个阶段：一个是在1月龄左右，另一个是蛋鸡开产后头2~3个月时间内。

（1）小鸡缺钙

表现两腿无力、步态不稳（图6-9）、生长发育缓慢，喙和爪较软、四肢长骨弯曲，同时易发生骨折现象。

（2）产蛋鸡缺钙

表现软脚，常蹲于鸡笼中，若没有及时抓出笼子易被其他鸡踩死。蛋鸡产软壳蛋和薄壳蛋，鸡蛋易破裂（图6-10），蛋壳表面粗糙。

3. 病理变化

骨骼较柔软、较脆易折断。肋骨和肋软骨的连接处显著肿大并形成圆形结节（如念珠状）（图6-11），胸骨变形为"S"形（图6-12）。

4. 诊断

根据临床症状、病理变化及饲料成分化验可进行诊断。

5. 防治措施

（1）预防

饲料配方中要按照鸡不同阶段生长需求进行营养配方。在雏鸡和小鸡阶段，钙磷的比例为（2.2~2.5）：1，在产蛋期则控制在（4~5）：1。同时在实际生产中要

图6-9　双腿无力、步态不稳

图6-10　蛋壳薄易破碎

图6-11　肋骨和肋软骨的连接处呈"念珠状"结节病变

图6-12　胸骨呈"S"形病变

根据不同钙、磷原料进行适当调整。

（2）治疗

在发病初期治疗效果较好。到了重症期，鸡胸骨和腿骨出现畸形时则治疗效果差。在生产实践中可添加骨粉（含钙24%~25%、磷11%~12%）、磷酸氢钙（含钙23.2%、磷18%）、贝壳粉（含钙38.6%）或石粉（含钙38%）等原料。其中补钙以贝壳粉或石粉为主；补磷以骨粉或磷酸氢钙为主。具体添加量参照各个阶段营养标准来定。对个别软脚病鸡可口服鱼肝油或维生素 AD_3 片或肌内注射维丁胶性钙进行治疗。

（五）鸡锰缺乏症

1. 病因

①原发性锰缺乏：饲料中锰含量要达到每千克含30~60毫克，若低于20毫克时就会导致代谢障碍而出现锰缺乏症。

②继发性锰缺乏：饲料中钙、磷、铁、钴元素会影响锰的吸收利用；饲料中磷酸钙含量过高，会影响肠道对锰的吸收。

2. 临床症状

雏鸡发病后，表现跛行，胫关节和跗关节肿大（图6-13），腿外翻或内收，多为一侧性。双腿同时站立时呈现"O"形。严重的出现骨变粗变短，胫骨远端和跖骨近端扭曲，腓肠肌腱从髁间沟中滑出。病鸡常见跗关节着地，行走困难，最终因衰竭而死亡。产蛋鸡表现产蛋率下降，蛋壳变薄，种蛋孵化率降低。

3. 病理变化

主要病变是胫骨粗短，关节肿大（以胫跗关节最明显）。切开关节可见胫骨屈曲，跟腱从胫跗关节后方滑脱。关节因摩擦发生炎症、充血、水肿。公鸡睾丸变小。

4. 诊断

从胫骨变粗变短和跟腱滑脱两个病症可作出初步诊断。必要时对饲料进行锰元素含量测定进行诊断。在临床上，此病需与鸡佝偻病进行鉴别诊断。

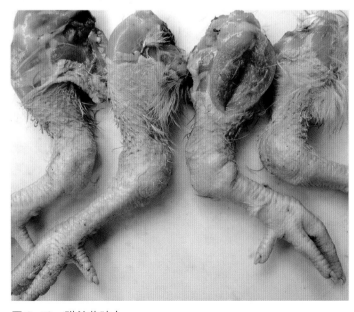

图6-13　跗关节肿大

5. 防治措施

（1）预防

按照饲料配方要求。配制鸡用全价饲料。正常日粮中锰的含量为每千克饲料含 40~50 毫克。

（2）治疗

把硫酸锰或氧化锰掺入到矿物质中或掺入鸡用日粮中饲喂,可有效改善鸡的锰缺乏症。此外,雏鸡也可采用高锰酸钾溶液饮水（即 1 克高锰酸钾溶于 20 升水中）, 一天 2 次,连喂 2~3 天对治疗此病也有一定效果。

（六）鸡一氧化碳中毒

图 6-14 脚趾呈紫红色

图 6-15 血液为鲜红色

1. 病因

在冬季育雏保温时,采用煤炭加热保温、不安装烟囱或保温室内通风不良等原因均可导致空气中的一氧化碳含量超标,从而引起雏鸡窒息和中毒死亡。一般来说,室内空气中一氧化碳的浓度达到 0.04%~0.05% 时, 小鸡就有中毒危险；当空气中一氧化碳浓度达 0.2% 时,2~3 个小时即可中毒死亡。

2. 临床症状

病鸡烦躁不安,嗜睡,流泪,呼吸困难, 运动失调,继而站立不稳,卧于一侧,临死前出现痉挛症状,最后昏迷而死。死亡快,死亡率达 10%~70%,严重时可达 100%。

3. 病理变化

可视黏膜呈樱桃红色,脚趾和喙部呈紫红色（图 6-14）,甚至黑色。血液为鲜红色（图 6-15）,不易凝固。肺脏气肿,淤血或点状出血,切面可流出大量鲜红色、带泡沫的液体。其他脏器表面也有不同程度的出血。

4. 诊断

根据有吸入一氧化碳的历史及血液为鲜红色、可视黏膜和脚趾为紫红色、死亡率高、死亡速度较快即可作出诊断。

5. 防治措施

（1）预防

在冬季育雏保温时，要检查保温室的取暖和排气设施是否安全，防止出现烟囱漏气、倒烟等情况，同时要保持保温室内通风良好。

（2）治疗

一旦发生中毒时，要立即打开门窗，及时通风和排除蓄积的一氧化碳气体，更换新鲜空气，同时要查明原因，及时纠正。在治疗上，可采取一般性的治疗措施，如在饮水中添加 1%~2% 的葡萄糖液，以增加肝脏解毒功能。

（七）鸡食盐中毒

1. 病因

食盐是维持鸡正常生理活动所必需的物质，饲料中正常的添加量为 0.2%~0.5%。但是，鸡对食盐比较敏感，若饲料中食盐含量在 3% 以上或饮水中食盐含量在 0.5% 以上时就易造成中毒。当食盐摄入量达到每千克体重 2~3 克时可导致鸡只死亡。常见的原因可能有以下 3 个方面。

①配料过程中，食盐添加量增多了。

②在饲料中既添加咸鱼粉，又添加食盐，造成食盐总量超标。

③鸡体内缺乏维生素 E 和某些氨基酸时，会增加食盐中毒的可能性。

2. 临床症状

在早期，病鸡群表现高度兴奋，鸣叫，乱跑，食欲减少，饮水量增加，张口呼吸（图6-16），嗉囊积液，频繁拉稀，排出水样粪便，后期出现呼吸困难，运动失调，双腿无力，痉挛倒地（图6-17），最后昏迷死亡。在炎热天气里，死亡率更高。

图 6-16 张口呼吸

图 6-17　痉挛倒地

3. 病理变化

病鸡全身血液黏稠呈紫黑色，凝固不良，全身皮下水肿呈黄色胶冻样。食道、嗉囊充满黏液，黏膜充血出血，易脱落。腺胃及小肠呈卡他性炎症，小肠肿大明显，肠壁水肿、充血、出血。肺脏水肿、充血。腹腔积水，心包积液。心外膜、肝脏、脾脏有时可见出血点。脑外膜充血、出血，脑实质水肿坏死。

4. 诊断

根据临床症状、病理变化及病史可作初步诊断。必要时对饲料或饮水进行食盐含量测定，若含量超标即可确诊。

5. 防治措施

（1）预防

按照鸡不同阶段营养标准不同进行饲料配方，严格掌握食盐用量，含量不超过 0.37%。若饲料配方中有使用咸鱼粉或其他含盐原料时，就要相应减少配方中食盐用量。

（2）治疗

当出现中毒症状时，应立即停喂含盐饲料，同时大量供应清洁饮用水，并加以 3%~5% 的葡萄糖液。一般在治疗 1 天后病鸡群就逐渐恢复正常。

（八）鸡延胡索酸泰妙菌素中毒

1. 病因

延胡索酸泰妙菌素在鸡场被广泛应用于防治鸡的支原体病。聚醚类抗生素（如莫能菌素、盐霉素钠、甲基盐霉素、马杜霉素、赛杜霉素钠、海南霉素钠、拉沙洛菌素钠等）被鸡场广泛用于预防鸡的球虫病。但是这两类药物不能配伍使用，否则会出现严重的中毒反应。在生产实践中，养鸡户或兽医往往不注意两类药物配伍使用，导致中毒事件时常发生。

2. 临床症状

此病发生快，用药后半天即出现症状，主要表现软脚（图 6-18），精神沉郁，羽毛逆立，冠肉髯呈暗黑色，尖声怪叫，拉黄白色稀粪或血便，吃料减少或废绝，饮水也减少，运动失调（图6-19），1~2天后出现大面积软脚、瘫痪及部分死亡，有些病鸡双脚呈前后伸。发病率达50%~100%，死亡率50%~80%。

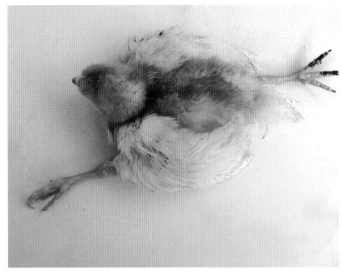

图 6-18　软脚

3. 病理变化

病死鸡脱水明显，血液呈暗红色，小肠淤血明显，肾脏轻度肿大，泄殖腔充满白色糊状物。法氏囊、胸腺、脾脏萎缩。其他脏器病变不明显。

4. 诊断

根据用药史及临床症状可作出初步诊断。必要时取饲料或饮水进行相关药物的检测确定。

5. 防治措施

（1）预防

在使用延胡索酸泰妙菌素用于防治鸡支原体病时，要了解饲料中是否添加盐霉素等聚醚类抗球虫药，否则就不能使用延胡索酸泰妙菌素。

（2）治疗

图 6-19　运动失调

发现中毒表现后，要立即停止使用延胡索酸泰妙菌素，清洗料槽和水槽中残留药物。鸡只中毒后往往预后不良，软脚的鸡基本上都会死亡。对那些症状比较轻的病鸡，可采用2%~3%葡萄糖液和0.03%维生素C进行饮水，连续使用3~5天，病程要持续7~10天。

（九）鸡氟中毒

1. 病因

饲料厂常使用磷酸氢钙作为磷和钙的添加剂。正常磷酸氢钙矿石含氟量相当高，一般

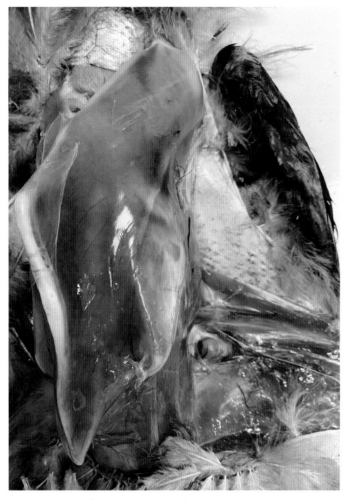

图 6-20　肌肉出现条状或斑点状出血

图 6-21　肌胃层出血明显

为 0.9%~2%，若养鸡场长期使用未经脱氟处理或使用劣质的磷酸氢钙作为饲料的矿物质添加剂，可能会引起中毒。一般要求磷酸氢钙中氟含量要低于 0.18%。此外，在优质磷酸氢钙中加入高氟磷矿石的石粉，也会导致鸡氟中毒。

2. 临床症状

鸡群发育不整齐，病鸡生长迟缓，羽毛松乱无光泽，站立不稳，行走时常双脚外叉开（呈八字叉脚）。病鸡跗关节肿大，脚僵直，有时出现跛行和瘫痪。鸡群中时常见到断翅膀和断肢骨的病鸡。此外，产蛋鸡还会出现产白壳蛋、软壳蛋现象。出现个别零星死亡。

3. 病理变化

病死鸡肌肉苍白，且可见条状或斑点出血（图 6-20）。龙骨弯曲变形呈"S"形。胫骨变粗变短，近端切面可见生长板明显增宽。骨髓变淡，严重者呈土黄色。肝脏和肾脏肿大、充血、出血。胸腺变小。胃肠道呈卡他性炎症，肌胃内层易剥，剥开后肌胃层有出血斑（图 6-21）。

4. 诊断

根据临床症状、病理变化可作出初步诊断。必要时对磷酸氢钙中的氟含量进行测定诊断。

5.防治措施

（1）预防

平时要把控磷酸氢钙的质量，不能使用氟超标的产品。加强日常管理和观察，发现问题及时诊断。

（2）治疗

发现氟中毒后，要立即停喂含氟量高的磷酸氢钙，改用优质的磷酸氢钙。同时在日粮中添加0.08%的硫酸铝可减轻氟中毒症状。此外，在饮水中添加一些维生素对此病也有较好的辅助治疗效果。

（十）鸡有机磷农药中毒

1.病因

鸡对有机磷农药十分敏感。在临床上常见以下3个原因造成中毒。

①给鸡饲喂含有机磷农药残留较多的各种饲料或青菜。

②给鸡使用含有机磷农药的体外驱中药（如双甲脒、敌百虫、辛硫磷等），且超量使用。

③鸡放养在喷洒有有机磷农药的果园、林地、农田或采食了受农药污染的青草或害虫等。

图6-22　软脚

2.临床症状

在临床上可分为最急性中毒和急性中毒两种。最急性中毒时，往往见不到任何症状就死亡。急性中毒时表现为运动失调，软脚（图6-22），盲目乱窜，瞳孔缩小，流泪，口鼻腔流出大量的黏性分泌物（图6-23），频频排粪或拉稀，鸡冠发紫，呼吸困难；最后体温下降，两肢麻痹，全身痉挛抽搐而死亡。急性中毒死亡时间一般发生在中毒后5~6个小时内。

图6-23　口流黏性分泌物

3. 病理变化

病死鸡尸僵完全，瞳孔明显缩小，皮下组织和肌肉有点状出血，胃肠黏膜充血、出血明显，整个黏膜脱落，胃内容物有明显的农药味（大蒜味或韭菜味），喉头、气管内充满泡沫样分泌物，肺脏淤血水肿，心脏和心冠脂肪点状出血，肝脏肿大，呈黄色，腹水增多。

4. 诊断

根据临床症状、病理变化及有接触有机磷农药史，可作出初步诊断。必要时可收集胃内容物进行有机磷农药检测或采集鸡血液进行血浆胆碱酯酶活性测定来确诊。

5. 防治措施

（1）预防

要加强农药管理，注意有机磷农药的使用方法、使用剂量及安全要求。在使用有机磷农药进行杀灭鸡体内外寄生虫时，需严格控制使用剂量、浓度和方法。严禁鸡接触到受有机磷农药污染的饲料、水和草地。

（2）治疗

首先要切断中毒来源，同时肌内注射硫酸阿托品（按每千克体重0.14~0.2毫克）、碘解磷定（按每千克体重0.2~0.5毫克），每天2~3次。对个别急性病例，可在肌内注射上述治疗药物的同时，用刀切开嗉囊，排出嗉囊中含毒饲料或内容物，并进行冲洗后缝合处理。此外，口服0.1%高锰酸钾溶液也有助于体内有毒物质的分解，对此病也有一定的辅助治疗作用。

（十一）鸡磺胺类药物中毒

1. 病因

磺胺类药物在临床上是一种比较常用的药物（如鸡球虫病、鸡住白细胞虫病和鸡肠炎等疾病都会使用到），但使用剂量过大、时间过长或与酸性药物配伍使用都容易产生中毒现象。有时，鸡体肝脏或肾脏机能不全或存在受损时也会加大磺胺类药物的毒性。毒性比较大的磺胺类药物有磺胺二甲氧嘧啶、磺胺喹噁啉、磺胺脒、磺胺甲噁唑等。

2. 临床症状

病鸡精神沉郁，消瘦，食欲减少，渴欲增加，鸡冠和肉髯苍白、贫血，眼结膜苍白或黄染，排出酱油状或灰白色稀粪，零星死亡。产蛋鸡还表现产蛋率下降，产软壳蛋和薄壳蛋增多。

3. 病理变化

血液稀薄如水，凝固不全。全身广泛性出血，肉眼可见皮肤、皮下、肌肉出血（图6-24），骨髓黄染。肝脏肿大、质脆，呈土黄色，表面有出血点和坏死点（图6-25）。心包积液，

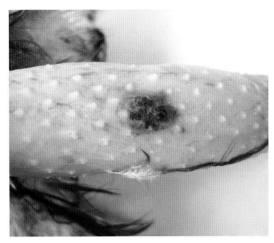

图 6-24　皮肤出血

图 6-25　肝脏表面有出血和坏死

心外膜出血。肾脏肿大明显，呈黄白色，输尿管充满白色尿酸盐。脾脏肿大，出血梗死。腺胃、肌胃角质下层及肠道均有不同程度出血点和出血斑（图 6-26）。

4. 诊断

根据临床症状、病理变化及使用磺胺类药物史可作出初步诊断。必要时可抽取内脏器官进行磺胺类药物定量测定诊断。

5. 防治措施

（1）预防

使用磺胺类药物时要按照说明书介绍

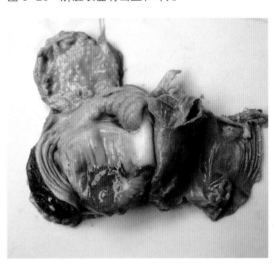

图 6-26　肌胃出血

的方法，不要超时、超量添加。使用磺胺类药物时可以配合使用碳酸氢钠，以减轻药物的毒副作用。同时，要给鸡群供应充足的饮水，以促进药物的排泄。患有某些疾病（如鸡传染性法氏囊病、鸡肾型传染性支气管炎、鸡痛风、鸡心包积液综合征、鸡包涵体肝炎等）时不能使用磺胺类药物，否则会加剧病情。此外，磺胺类药物不能与维生素 C、氯化铵、氯化钙等药物配伍使用。

（2）治疗

一旦发生磺胺类药物中毒，就要立即停药，并供给充足的饮水。同时，给予 3%~5% 葡萄糖液、1%~2% 碳酸氢钠溶液，让其自由饮用，在饲料中可添加维生素 K_3（每千克饲料添加 5 毫克）或增加多种维生素用量，连用 5~7 天。对个别病鸡可肌内注射一些药物进行对症治疗，如每只鸡注射 1~2 微克维生素 B_{12} 注射液或每只鸡注射 1~2 微克叶酸注射液。

（十二）鸡痛风

1. 病因

造成痛风的原因是多方面的，大致有以下 4 个方面。

①饲料中蛋白质偏高。如饲料中动物性内脏、鱼粉、大豆等蛋白质饲料比例超过 30% 时，就容易发生此病。

②药物的滥用（如磺胺类）会造成鸡肾脏功能障碍，从而引发痛风现象。

③某些传染病（如鸡传染性支气管炎、鸡白痢、鸡球虫病）都会不同程度地造成痛风的发生。

④饲料中钼、铜含量过大，维生素 A 的缺乏，维生素 D 的缺乏，饲料中高钙低磷，以及鸡群缺水、密度过大等因素也可能导致痛风的发生。

2. 临床症状

在临床上主要表现为内脏型痛风和关节型痛风。

（1）内脏型痛风

病鸡精神不振，食欲减退，逐渐消瘦，鸡冠苍白且矮小，鸡粪较稀并含有多量的尿酸盐，肛门周围羽毛玷污有石灰样的粪便。死亡快，死亡率依病情程度和天气状况不同而异，若发生在炎热天气里则死亡率会更高。

（2）关节型痛风

病鸡四肢关节肿大，特别是跗关节和趾关节肿大较明显，软脚症状明显（图 6-27）。有时还出现 1~2 个带有热痛的波动点，若破溃后会流出脂样物质。常表现软脚，喜卧不起，日渐消瘦，最后衰竭而死。

3. 病理变化

（1）内脏型痛风

内脏器官如心包膜、肝脏、肠系膜、肾脏等表面散布一层白色石灰粉样物质（图 6-28）。肝脏质脆、切面有白色小颗粒状物。肾脏显著肿大呈花斑状，输尿管肿大、内蓄积大量尿酸盐，有时肾脏和

图 6-27　软脚

输尿管可形成大小不等的结石块（图6-29）。此外，还可见皮肤干燥、脱水病理变化。

（2）关节型痛风

关节肿大，切开关节可流出浓稠、白色黏稠液体（内含大量尿酸和尿酸铵形成的白色结晶）（图6-30）。有时皮下组织、关节面及关节周围组织也能见到上述白色沉淀物。

4.诊断

根据临床症状、病理变化可作出初步诊断。必要时抽血进行尿酸含量测定（正常为每100毫升血液中含尿酸1.5~3毫克，发病时可升高到15毫克以上）。

5.防治措施

（1）预防

要根据鸡的不同日龄、不同生产性能合理配方饲料，控制蛋白质含量不超过20%，并调整好日粮中的钙、磷比例，适当提高饲料中多种维生素含量（特别是维生素A含量），饮水要充足，避免滥用磺胺类等对肾脏毒副作用较强的药物。

（2）治疗

在调整好饲料配方的基础上，保证充足的饮水。使用保肝通肾的药物（如肾肿解毒药、碳酸氢钠）对此病有较好的治疗效果，可明显降低死亡率。

图6-28 心脏和肝脏表面有大量尿酸盐沉积

图6-29 输尿管结石

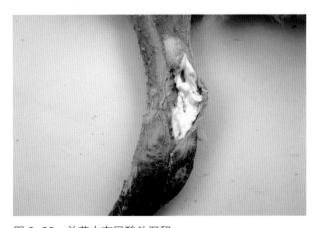

图6-30 关节内有尿酸盐沉积

（十三）鸡脂肪肝病

1. 病因

饲料因素是此病的主要原因。长期饲喂高能量日粮，同时饲料中的胆碱、维生素 E、蛋氨酸、维生素 B 等营养成分不足，均能导致肝脏中大量中性脂肪沉积而发病。此外，饲料中含有一些有毒物质（如黄曲霉毒素）、变质的脂肪、鸡群密度过大、活动空间小、高产母鸡雌激素水平过高等因素也会导致脂肪肝的发生。

2. 临床症状

体况良好，体重超标；群体产蛋率略有下降；喜卧，腹部大而下垂。受到不良应激时易发生猝死，死后鸡冠苍白（图 6-31）；在夏天遇到热应激时，死亡率更高。

3. 病理变化

体腔内各器官均储存有大量脂肪，其中以腹下脂肪最为明显。肝脏肿大并呈黄色油腻状、质脆（图 6-32），自然死亡鸡常见肝脏破裂，且在肝脏上或腹腔内可见有血凝块（图 6-33、图 6-34）。病理切片可见肝脏细胞周围充满脂肪滴。

图 6-31　鸡冠苍白

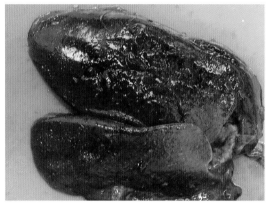

图 6-32　肝脏肿大、油腻状

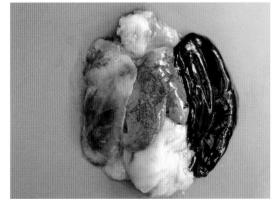

图 6-33　肝脏破裂出血

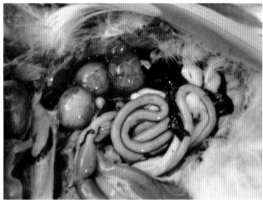

图 6-34　腹腔有血凝块

4. 诊断

根据临床症状和病理变化可作出初步诊断。必要时对血液中胆固醇、总脂、雌激素等指标进行化验，病鸡的相应指标比正常鸡都有不同程度的升高。

5. 防治措施

（1）预防

要降低日粮中能量水平，适当提高粗蛋白水平，同时要增加添加剂中多种维生素和氯化胆碱的含量，使鸡体重控制在正常范围内。此外，控制好鸡群密度、减少各种不良应激会降低此病的死亡率。

（2）治疗

除了调整饲料配方外，在饲料中可添加氯化胆碱（每1000千克饲料添加1~1.5千克）、维生素E（每1000千克饲料加入10~20克）和其他多种维生素，连用15~20天，之后根据鸡实际体重再定添加剂量。

（十四）笼养蛋鸡疲劳综合征

1. 病因

此病在部分地区又称腺胃炎、腺胃溃疡、产蛋鸡猝死症或产蛋鸡骨质疏松症等。其发生原因与发病机理目前还不十分明了。现在多数的学者观点认为与缺钙有关，此外，也有学者认为与天气闷热、通风不良等管理不良有关。

2. 临床症状

此病主要发生于笼养的初产母鸡（从产蛋开始到产蛋高峰期间），产蛋高峰后较少发生。表现吃料正常或略减少，部分蛋鸡产软壳蛋和薄壳蛋，个别脱肛，个别拉稀，部分蛋鸡出现软脚现象（图6-35）（主要发生在晚上到下半夜）。若不及时抓出，软脚病鸡会在第二天早上死在笼子里。产蛋率上升较慢。发病率10%~20%，死亡率1%~15%。

图6-35 蛋鸡软脚

图 6-36　肝脏点状出血

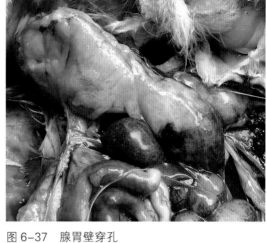

图 6-37　腺胃壁穿孔

3.病理变化

　　骨质较疏松，用手易折断，肝脏上有个别散在出血点（图 6-36）。腺胃变薄，常常出现穿孔现象（图 6-37）。切开腺胃可见整个腺胃糜烂（图 6-38），用刀轻轻一刮，在乳头中央可流出黑褐色的分泌物。在泄殖腔往往留宿一枚未排出的鸡蛋。个别病鸡还有卡他性肠炎病理变化。其他器官无明显病理变化。

图 6-38　腺胃糜烂

4.诊断

　　根据病鸡主要在晚上发生软脚、死亡，腺胃出现特征性腺胃炎或腺胃穿孔现象即可作出初步诊断。测定血液中的血钙浓度也能作为诊断此病的参考依据。正常产蛋鸡的血钙水平为每 100 毫升含 19~22 毫克，当血钙水平降到每 100 毫升含 12~15 毫克时就会经常出现瘫痪现象。

5.防治措施

（1）预防

　　产蛋鸡在开产之前饲料中的壳粉或石粉添加量不能大于 2.5%~3%，开产之后随着产蛋率不断提高，逐渐增加饲料中钙磷含量，一般饲料中钙磷含量比例约为（4~5）：1。当产蛋率达到 70%~80% 时，日粮中钙含量要保持在 3.75% 的水平，磷 0.8%~0.9%。同时要给予充足的多种维生素和微量元素。

（2）治疗措施

　　对个别软脚蛋鸡要及时挑出并放在地上平养，同时结合肌内注射维丁胶性钙和硫酸庆大霉素进行治疗。对于整群病鸡一方面通过可调整饲料配方，按比例添加相应的壳粉和磷酸氢钙，以及多种维生素；另一方面可适当添加抗生素（如阿莫西林，每1000千克饲料添加200克）控制胃炎和肠炎的发生。同时，要加强饲养管理措施（加强光照、饲料营养水平等），使产蛋率能够尽快地升到高峰，缩短发病持续时间。产蛋率升到80%以后，此病的发病率就大大降低了。

（十五）鸡啄癖症

1. 病因

鸡啄癖症又称异食癖，原因很复杂，主要与多种营养物质不足、饲养管理不善及某些疾病诱发有关。可分以下4个类型。

①啄肛癖：主要由于日粮中蛋白质不足或氨基酸不平衡、矿物质缺乏、饲料中能量偏高、粗纤维含量偏低、饲养密度过大、雏鸡发生鸡白痢、肛门有外伤等原因，均可引起啄肛癖。

②食羽癖：主要由于日粮中缺乏含硫氨基酸（如蛋氨酸）、矿物质（特别是硫化物）、食盐、多种维生素及鸡皮肤或羽毛上有螨虫或羽虱等寄生虫。此外，雏鸡阶段没有做好断喙工作，也可导致食羽癖。

③啄趾癖：缺乏营养（如食盐）、鸡舍内光线太强、鸡饥饿、脚趾外伤等因素均可引起啄趾癖。

④食蛋癖：主要由于饲料中缺乏钙、磷、蛋白质、维生素 AD_3，以及产软壳蛋、薄壳蛋较多等原因而引起，此外产蛋箱不足也常会导致食蛋癖。

2. 临床症状

（1）啄肛癖

在普通鸡群中，有许多小鸡追逐其中一只小鸡，大家争啄它的肛门，造成外伤出血（图6-39），严重时直肠被啄出而发生死亡。在产蛋鸡群中，同笼的其他蛋鸡去啄其中一只母鸡的肛门，造成直肠脱出或整个泄殖腔出血发炎。

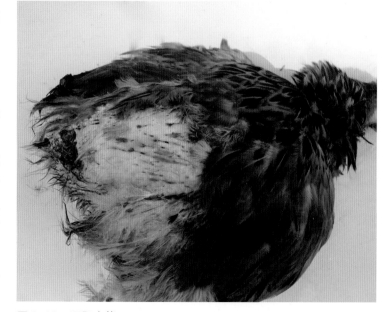

图 6-39　啄肛症状

图 6-40　啄羽症状

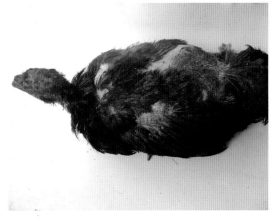

图 6-41　鸡背部羽毛被啄光

（2）食羽癖

多发生于 1~2 月龄的肉鸡或蛋鸡的盛产期和换羽期。鸡之间相互啄食羽毛导致部分鸡身上的羽毛被啄光（图 6-40、图6-41），从而影响肉鸡的生长发育和蛋鸡生产。

（3）啄趾癖

小鸡比较容易发生，表现鸡只互相啄食脚趾，造成局部损伤和发炎（图 6-42）。

（4）食蛋癖

常见于产蛋鸡的高产期间，特别是平

图 6-42　脚趾损伤和发炎

养蛋鸡多见，笼养蛋鸡相对较少。

3. 病理变化

主要导致局部皮肤炎症、出血、坏死等病变。

4. 诊断

根据此病的临床症状、病理变化作出初步诊断。

5. 防治措施

（1）预防

加强饲养管理是预防此病的关键。首先在饲料上要严格按照各阶段营养需求进行配方，特别注意饲料中的矿物质、食盐、多种维生素、蛋氨酸的含量合理搭配。管理上，10日龄左右要及时地进行断喙，同时降低饲养密度，保证有宽敞的活动场所。若发现鸡身上有体外寄生虫时要及时采用溴氢菊酯等体外驱虫药进行杀虫处理。

（2）治疗

针对日龄较小的肉鸡发生啄癖时要及时进行断喙，另一方面在饲料中可添加 1.5%~2%

的石膏粉，连用7天；或添加2%的食盐，连用3~4天（但不能长期喂，否则易导致食盐中毒现象）。此外，在饲料中多添加一些蛋白质、蛋氨酸及多种维生素对啄癖也有一定的辅助治疗效果。对于啄癖症造成外伤的鸡要及时挑出，并用甲紫涂擦患处。对于有啄癖表现的大鸡要及时地给予隔离饲养，并及时调整饲料配方。

（十六）鸡中暑

1. 病因

鸡的皮肤缺乏汗腺，散热主要依靠张口呼吸或把翅膀张开下垂来完成的。所以鸡群在气温高（室温35℃以上）、湿度大的闷热潮湿环境中，以及鸡群密度过大、通风不良、饮水供应不足、鸡只肥胖等因素都易导致此病发生。此外，某些用药不当（如夏天使用尼卡巴嗪抗球虫药）也易导致鸡中暑。

2. 临床症状

此病多呈急性经过。主要表现呼吸快，张口伸颈，翅膀张开下垂，饮水量增加，体温升高，进而出现呼吸困难，步态摇晃，不能站立，痉挛倒地，最后昏迷而死亡。此病可导致鸡群在短时间内出现大量鸡只死亡。舍饲肉鸡或蛋鸡多发生在中午至傍晚5~6点之间；长途贩运鸡见于在夏季白天运输且通风、遮阴没有做好的时候。

3. 病理变化

尸僵缓慢，血液凝固不良，全身静脉淤血，胸肌苍白（似煮熟样）（图6-43）或红白相间（图6-44），心冠脂肪和心外膜有点状出血，腹腔脂肪也有大量点状出血（图6-45）。刚死亡的鸡腹腔温度很高。

4. 诊断

根据临床症状和病理变化，特别是死亡快和腹腔脂肪出血可作出初步诊断。

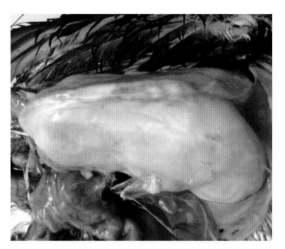

图6-43　肌肉苍白

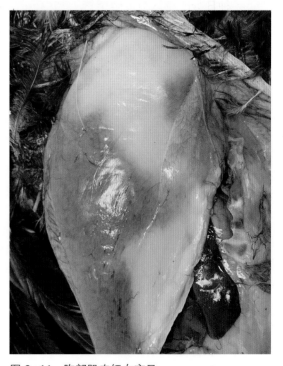

图6-44　胸部肌肉红白交叉

图 6-45　脂肪出血

5. 防治措施

（1）预防

夏秋季节要做好鸡舍的防暑降温工作，包括喷水、通风换气、饮水供给充足、降低饲养密度等工作。可在饲料或饮水中添加碳酸氢钠（每 1000 千克饲料添加 2 千克）或维生素 C（每 1000 千克水添加 200 克）进行药物保健。同时，在饲料中要适当加大多种维生素的使用剂量（特别是维生素 E 和维生素 C）。

（2）治疗

一旦发生中暑临床症状时要立即将病鸡转移至阴凉通风处，并给予凉水冲洗或灌服。在大型鸡场发生鸡中暑时要立即采取降温措施（包括洒水、通风、遮阴或湿帘等）。同时，在饮水中按比例添加电解多种维生素或维生素 C 粉等药物进行治疗。

（十七）鸡感冒

1. 病因

各种日龄的鸡均会发生感冒，其中以雏鸡较常见。常见的原因有育雏室温差大、鸡群突然受冷空气应激、长途运输鸡苗时遇到"贼风"、野外放牧突然遇到雨淋、夏季炎热天气进行不恰当的冲冷水降温等，均可造成鸡出现感冒现象。若育雏舍内或鸡舍内的空气质量差（如氨气重）也会加重感冒病情。

2. 临床症状

病鸡精神沉郁，体温升高，食欲减，行动迟缓，呼吸急促。鼻流水样或黏稠的鼻液，打喷嚏、咳嗽明显。严重时可见眼结膜潮红，流眼泪或眼流泡沫（图6-46）。有时可听到啰音。后期会发展为支气管炎或肺炎。

图 6-46　眼睛流泡沫

3. 病理变化

鼻腔、咽喉和气管均存在不同程度的黏液（图6-47）。病程稍长的病鸡可见支气管内有白色干酪物阻塞物，气管和支气管充血、出血。严重的可见肺脏充血、出血及肺脏坏死。

4. 诊断

根据临床症状、病理变化和对照鸡场饲养环境可作出初步诊断。在临床上，此病要与鸡传染性

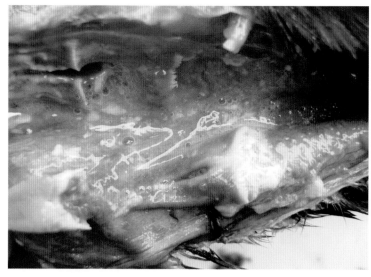

图6-47 咽喉部有大量黏液

气管炎、鸡传染性喉气管炎、鸡败血支原体病和 H₉亚型禽流感等疾病进行鉴别诊断。

5. 防治措施

（1）预防

育雏舍保温时，既要做到日夜温差相对稳定，又要做到通风换气。在野外放牧时要防止被雨淋。平时饲养管理中要注意环境温度的变化，遇到冷空气来临时要做好鸡舍的保温工作；在夏天进行防暑降温时要采用喷雾降温或湿帘降温，不要采用冷水直接喷淋在鸡身上。

（2）治疗

治疗感冒的药物很多，可选用红霉素、恩诺沙星、阿莫西林、多西环素等药物进行治疗，连用3天。临床症状严重时可配合一些降体温药（如卡巴匹林钙）、化痰药（如氯化铵）或止咳药（如麻杏石甘散）。经治疗仍无效果时，要请兽医进行诊断是否有其他传染病并发感染。个别病鸡可肌内注射盐酸林可霉素、盐酸大观霉素针剂进行治疗。

（十八）鸡肠毒综合征

1. 病因

此病是由多种原因导致鸡出现肠炎病症的总称，饲料搭配不合理、饲料原料发霉变质、鸡舍环境卫生不好、饮用水不清洁，以及药物使用不当或天气突变等原因均可造成此病发生。此外，某些疾病（如鸡球虫病、大肠杆菌病、沙门菌病）混合感染也会加剧此病的病情。

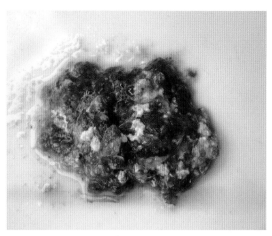

图 6-49　拉五颜六色稀粪

图 6-48　拉红褐色稀粪

图 6-50　小肠肿大

图 6-51　小肠炎症肿大

2. 临床症状

病鸡精神委顿、食欲不振或废绝、口渴饮水增加。腹泻下痢明显，病初排白色稀粪，后为绿色带黏液或带血的红褐色稀粪或五颜六色稀粪（图6-48、图6-49）。肛门周围羽毛被粪便污染为白色、红褐色。后期多因失水过多造成衰竭而死亡。

3. 病理变化

小肠肿大明显（图6-50、图6-51），肠内充满气体或黄白色内容物，肠黏膜充血、出血明显（图6-52）。严重时在肠黏膜可见坏死灶或坏死性伪膜。有时还可见腺胃充血、出血及肌胃角质层脱落。

4. 诊断

根据临床症状及病理变化可作出初步诊断。在临床上，此病还必须与细菌性或病毒性传染病导致的肠炎进行鉴别诊断。

5.防治措施

（1）预防

提高饲养管理水平，优化饲料配方，避免饲喂变质霉变的饲料，平时要注意饮用水卫生和环境卫生。不能盲目滥用广谱抗生素，以免造成正常肠道微生物菌群的平衡失调和紊乱引发此病的发生。

（2）治疗

此病的治疗药物很多，可选用下列药物进行治疗。如氟苯尼考、硫酸新霉素、硫酸安普霉素、硫酸庆大霉素、硫酸黏菌霉素、甲氧苄啶、乙酰甲喹等。拉稀严重时可配合使用肠道收敛药（如药用炭或鞣酸蛋白等）或补液盐进行治疗，可提高此病的治疗效果。

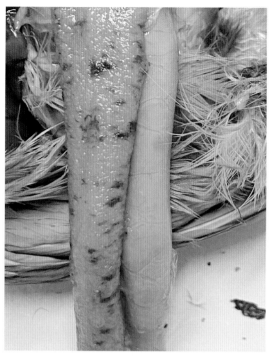

图 6-52　肠黏膜充血、出血明显

（十九）鸡肌腺胃炎

1.病因

鸡肌腺胃炎的病因有多方面，主要有以下的 3 个方面。

①饲料中的霉菌毒素超标：包括呕吐毒素、伏马毒素、玉米赤霉烯酮、黄曲霉、T2 毒素、赫曲霉毒素等，其中以呕吐毒素和伏马毒素危害最严重（图 6-53）。此外，蜡样芽孢杆菌产生的肠毒素也可引发肌腺胃炎。

②饲料中含有生物胺（如组胺）对鸡消化系统有明显的毒害作用。组胺可以由堆积的鱼粉、玉米、豆粕、脂肪、禽肉粉、肉骨粉等产生的。

③饲料搭配不合理，如粗纤维含量偏高、蛋白质含量偏低、维生素含量不足，以及饲料中鱼粉含量偏高（12% 以上）等。

图 6-53　玉米霉变

2.临床症状

此病一年四季均可发生。各种鸡品种均有，以白羽快大型肉鸡（如 AA 鸡、817 鸡）更多见，发病日龄主要见于 6~60 日龄，发病率可达 20%~90%，死亡率 5%~20%。病鸡初表现精神沉郁、畏寒、食量下降，拉稀粪（图 6-54），饲料报酬低。一段时间后病鸡消瘦，鸡冠和肉髯苍白，拉黄白色稀粪，精神委顿，饲料食量明显减少，严重的出现软脚，最终衰竭死亡。有时在大龄肉鸡或蛋鸡也有病例，表现死亡率偏高，产蛋性能下降，种蛋受精率和孵化率下降。

3.病理变化

剖检病死鸡可见皮肤苍白、脱水，肌肉苍白，腺胃肿大如球（图 6-55），切开腺胃可见多数乳头扁平甚至消失，有些腺胃与肌胃交界处黏膜溃疡。肌胃角质层在前期呈黑褐色（图 6-56），沿着纵皱襞沟可见散在的一些糜烂灶，到后期整个肌胃角质层发生糜烂和溃疡（图 6-57、图 6-58），有时溃疡灶可深达肌胃的肌肉层。角质膜为黄褐色、暗绿色或黑色（图 6-59）。十二指肠、肾脏等内脏器官不同程度出血（图 6-60）。

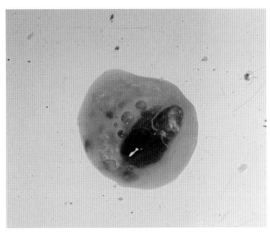

图 6-54 拉稀粪

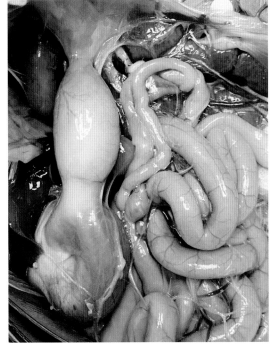

图 6-55 腺胃肿大如球状

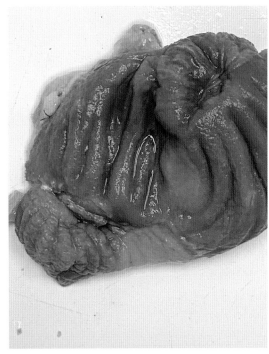

图 6-56 肌胃角质层呈黑褐色

图 6-57　肌胃糜烂、溃疡

图 6-58　肌胃角质层严重溃疡

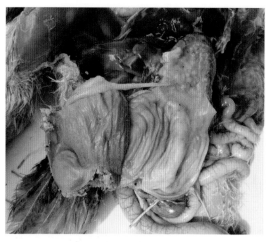

图 6-59　肌胃角质层为黄褐色

图 6-60　小肠出血严重

4. 诊断

根据临床症状、病理变化可作出初步诊断。在临床上，要注意与鸡腺胃型传染性支气管炎、鸡网状内皮增生症进行鉴别诊断。

5. 防治措施

（1）预防

肌腺胃炎是一种消化道疾病，预防措施包括：第一，要严把饲料原料关，要求饲料原料要新鲜、干燥，不能采用劣质或变质的饲料原料。第二，要防止和控制饲料中霉菌毒素超标和蜡样芽孢杆菌的污染，必要时要定期添加霉菌吸附剂。第三，要加强鸡场日常管理，防止水槽、水线、料槽的霉菌污染。第四，科学搭配好饲料配方，按照鸡不同阶段营养需求配置好能量、蛋白质、粗纤维等营养成分。

（2）治疗

第一，要及时查找原因，切断毒源，让鸡群不再接触到霉菌毒素等致病因子。第二，采用中药治疗。目前用于治疗肌腺胃炎的中药有理中散、参苓白术散等，均有一定效果。第三，选用霉菌吸附剂、牛磺酸或维生素 C 等进行拌料或饮水治疗。

（二十）肉鸡腹水症

1.病因

肉鸡腹水症的确切原因还不十分明了，据报道，病因涉及营养、遗传、环境、管理等多种因素，其中缺氧是最有可能的因素，包括鸡苗在孵化过程缺氧、饲养过程中鸡舍通风不良、舍内有害气体（一氧化碳、二氧化碳、氨气等）含量偏高等。此外，饲料中某些有害物质过多、饲料能量过高、缺乏维生素 E 和微量元素硒、饲料中钠盐含量偏高等因素也是重要原因。

图 6-61　腹下皮肤发紫

图 6-62　腹腔胀满

2.临床症状

此病主要发生于 2~6 周龄幼鸡，以快长型肉鸡（如 AA 鸡、817 鸡）为多见。发病率达 5%~20%，致死率可达 30%。病鸡主要表现为精神沉郁，食欲下降，拉稀，下腹部膨胀下垂，腹部皮肤发紫（图 6-61），用手触诊腹部有明显的波动感。此外，病鸡不愿走动，常伏地，呼吸困难，严重时可见鸡冠和可视黏膜发绀。抓捕时常出现实然死亡。

3.病理变化

腹腔胀满（图 6-62、图 6-63），剖开腹腔可见大量腹水（积液可达 200~500 毫升），肝脏肿大，质地变脆，有时出现肝脏硬化（图 6-64）。心脏肿大，心肌松软，心外膜增厚，心包积液。肺脏水肿。肾脏肿大。

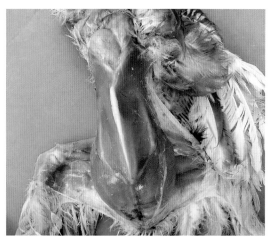

图 6-63　腹腔积水明显

图 6-64　肝脏硬化，心肌松软

4. 诊断

根据临床症状、病理变化可作出初步诊断。

5. 防治措施

（1）预防

加强饲养管理，做好舍内的通风工作。饲喂低蛋白和低能量饲料，防止饲料中钠过量。尽可能选育患肉鸡腹水症风险小的肉鸡品种。

（2）治疗

此病无特效治疗药物。在饲料中适当补充亚硒酸钠（按每千克饲料加 0.5 毫克）和利尿中药（猪苓、白术、桂枝、泽泻、甘草）对此病有一定的治疗效果。个别病鸡可肌内注射双氢克尿噻也有一定缓解作用。此外，日粮中适当添加亚麻油或 1% 精氨酸对降低发病率、死亡率也有帮助。

参考文献

[1] 江斌, 陈少莺. 鸡病鸭病速诊快治 [M]. 福州 : 福建科学技术出版社 ,2018.

[2] 程龙飞, 孙卫东, 刘友生. 常见鸡病诊断与防治技术 [M]. 北京 : 化学工业出版社 ,2021.

[3] 杜元钊, 朱万光. 禽病诊断与防治图谱 [M]. 济南 : 济南出版社 ,1998.

[4] 中国农业科学院哈尔滨兽医研究所. 动物传染病学 [M]. 北京 : 中国农业出版社 ,1999.

[5] 曾振灵. 兽药手册 [M]. 北京 : 化学工业出版社 ,2012.

[6] 黄一帆. 畜禽营养代谢病与中毒病 [M]. 福州 : 福建科学技术出版社 ,2000.

[7] 崔恒敏. 动物营养代谢疾病诊断病理学 [M]. 北京 : 中国农业出版社 ,2010.

[8] 黄兵, 沈杰. 中国畜禽寄生虫形态分类图谱 [M]. 北京 : 中国农业科学技术出版社 ,2006.

[9] 杨光反, 张志和. 野生动物寄生虫病学 [M]. 北京 : 科学出版社 ,2013.

[10] 李祥瑞. 动物寄生虫病 [M]. 北京 : 中国农业出版社 ,2011.

[11] 孔繁瑶. 家畜寄生虫学 [M]. 北京 : 中国农业大学出版社 ,2010.

[12] 王建华. 兽医内科学 [M]. 北京 : 中国农业出版社 ,2010.

[13] 陆承平. 兽医微生物学 [M]. 北京 : 中国农业出版社 ,2007.

[14] 吴清民. 兽医传染病学 [M]. 北京 : 中国农业大学出版社 ,2002.

[15] 顾小根, 陆新浩, 张存. 常见鸡病与鸽病临床诊治指南 [M]. 杭州 : 浙江科学技术出版社 ,2012.